论生态文明

（第2版）

贾治邦 著

中国林业出版社

图书在版编目(CIP)数据

论生态文明 / 贾治邦著. --第2版. -- 北京 : 中国林业出版社, 2015.1

ISBN 978-7-5038-7818-3

Ⅰ. ①论… Ⅱ. ①贾… Ⅲ. ①生态文明－研究 Ⅳ. ①B824.5

中国版本图书馆CIP数据核字(2014)第304988号

出版发行 中国林业出版社
(100009 北京西城区德内大街刘海胡同 7 号)

网　　址 www.forestry.gov.cn/lycb.html

电　　话 (010) 83143575

印　　刷 河北京平诚乾印刷有限公司

版　　次 2015 年 3 月第 2 版

印　　次 2023 年 12 月第 5 次

开　　本 787mm × 1092mm　1/16

印　　张 15.25

字　　数 297 千字

定　　价 98.00 元

序

生态文明是什么？理论界有不同认识。我以为，生态是自然界的存在状态，文明是人类社会的进步状态，生态文明则是人类文明中反映人类进步与自然存在和谐程度的状态。从横向上讲，生态文明与物质文明、精神文明、政治文明等文明一样，都是人类文明体系的重要组成部分，不同之处在于生态文明是从人与自然界关系角度反映人类文明的进步程度；从纵向上讲，生态文明同原始文明、农业文明、工业文明等文明一样，都属于历史范畴，人类社会从原始文明、农业文明到工业文明，特别是后工业化、全球化、信息化时代，在短期内创造了极大繁荣，也对生态和环境造成了巨大破坏。人类对自然的索取，已接近地球承载力的极限。人类对自然的每一次征服，均已受到自然加倍的报复。在人类文明长河中，古玛雅文明、古巴比伦文明、古埃及文明等都已经消失得无影无踪，成为历史，我国的古楼兰、古大夏也已经变为黄沙漫天、永沉大漠，其共同根源都是无穷尽地对自然界的索取和无节制地对生态的破坏。生态和环境危机已成为当今世界诸多危机的根源和“放大器”。因此，生态文明是人类社会发展的潮流和趋势，不是选择之一，而是必由之路。我们党所追求的生态文明，是人类社会与自然界和谐相处、良性互动、持续发展的一种高级形态的文明境界，其实质是要“建设以资源环境承载力为基础，以自然规律为准则，以可持续发展为目标的资源节约型、环境友好型社会”。

生态文明建设的基础是保护和建设好生态系统，维护好生物多样性。没有生态系统，地球就只能是一颗荒芜死寂的星球。地球生态系统大致可分为陆生生态系统和水生生态系统。按照人类活动的影响也可分为自然生态系统（森林、湿地、海洋和草原等）和人工生态系统（农田和城市等）。这些生态系统既独立完备又相互关联，既相互依存又相互制约，共同维护着地球的生态平衡。湿地生态系统是间于海洋和陆地之间的过渡生态系统。陆地生态系统是维护地球生态平衡最主要的一个生态系统，它不仅在地球与宇宙的能量交换中，在碳氧循环、水循环中发挥着固碳释氧和涵养水源、净化水质等重要功能，而且又是社会进步和人类生存发展的根基。陆地生态系统又分为森林、荒漠、草原等自然生态系统和农田、城市等非自然生态系统。这些生态系统特别是自然生态系统蕴含着、保护着生物的多样性，动物（包括人类）、植物和微生物在此相互依存，彼此消长，不断演进，不断发展，共同构建起充满活力、绚丽多彩的地球世界。森林是地球之"肺"，湿地是地球之"肾"，生物多样性是地球的"免疫系统"。保护和建设好这些生态系统，就能维护好生物多样性，地球就能健康长寿，人类社会就能在美丽的地球村不断地繁衍生息、发展进步。

生态系统既是充满活力的生命系统，还是生态产品的生产系统。生态系统为人类提供了数量巨大、品种丰富的物质产品、精神产品，支撑人类创造辉煌的文明。同时，生态系统还为人类生产着无法替代、不可或缺的生态产品，保障着人的生命安全和健康长寿。如森林和湿地生态系统，具有吸收二氧化碳、放出氧气，吸附粉尘、净化空气，涵养水源、保持水土，提供淡水、净化水质等特殊功能。一片森林就是一个清洁工厂，一棵树就是一个制氧器。保护和建设好生态系统，就能为人类提供维持生命所必需的清洁空气和干净的水，就能增加生态产品的生产能力，就会提高人的生命质量，促进人的健康长寿。

工业化之后，人类对自然的索取过于无度无序，导致自然资源约束趋紧、环境污染日益严重、生态系统退化失衡，造成了一系列重大生态灾害事件。生态系统是个封闭系统，人类对生态系统的保护或破坏，都会最终反作用于人类。在我国，生态问题、资源问题、环境问题日益突出，已经成为当今经济社会发展面临的最为重要、最为迫切的问题之一。更为忧心的是，我国工业化进程还远未完成，经济社会发展还需要依赖于向生态系统的索取，保护建设好生态系统依然承受着巨大压力。西方发达国家所走过的"先发展、后治理"的老路，我们事实上已经在重蹈覆辙，甚至在一些地方，似乎已经走得很远。我们必须警觉起来。我们的发展，必须以生态系统承载力为红线，这是雷池，不能逾越。如果背弃生态系统的承载力而不顾，犹如一辆只有油门、没有刹车的汽车，这样的发展无异于直奔死亡。

建设生态文明，是关系人民福祉、关乎民族未来的长远大计。党的十七大把生态文明建设作为全面建设小康社会奋斗目标，党的十八大、十九大、二十大又把生态文明建设摆上了中国特色社会主义“五位一体”总体布局、“两个一百年”奋斗目标、中华民族永续发展千年大计的战略位置，对建设美丽中国、加快推进人与自然和谐共生的现代化作出了一系列重大部署。深入推进生态文明建设，根本要求是要将其融入经济建设、政治建设、文化建设、社会建设各方面和全过程。如何融入，融入的路径和方式是什么？关键是要唤起全民的生态意识。只有全民的生态意识增强了，人们才能自觉地改造主观世界，才能切实在经济、政治、文化、社会等建设中充分体现生态文明理念，才能使其高度转化为推进生态文明建设的统一行动和巨大力量。

从当前看，要特别唤起各级党政领导干部和企业负责人的生态意识，在经济建设、政治建设、文化建设、社会建设中自觉遵循以下四个基本点：自觉坚持把尊重自然、顺应自然、保护自然作为基本要求，形成人与自然和谐发展的现代化建设新格局；自觉坚持把节约优先、保护优先、自然恢复为主作为基本方针，着力推进绿色发展、循环发展、低碳发展，形成节约资源和保护环境的发展格局；自觉坚持把以人为本，既要可持续地满足人民群众日益增长的物质文化需要，也要满足人民群众对生态产品的需要作为出发点和落脚点，坚持生态文明建设为了人民，生态文明建设依靠人民，为人民创造良好的生产生活环境，为子孙后代留下天蓝、地绿、水净的美好家园；自觉坚持把改革创新和科技创新作为根本动力，建立和完善生态文明制度体系，形成生态文明建设的长效机制。

我们要深入贯彻落实习近平生态文明思想，大力普及关于生态系统的科学知识，竭力唤起全民族的生态意识，推动全社会牢固树立和践行绿水青山就是金山银山的理念。坚持山水林田湖草沙一体化保护和系统治理，推进生态优先、节约集约、绿色低碳发展，提升生态系统多样性、稳定性、持续性，为建设生态文明和美丽中国、实现中华民族永续发展贡献力量。

贾治邦

2023 年 11 月

论生态文明
On The Ecological Civilization

目 录

Chapter 1

第一章
生态的本质及其演变

每个人的生理本体都是地球造化的一个物质存在。
地球从何而来？
人又从哪里来？
该往哪里去？
地球究竟费了多大的功夫，
准备了多少条件，
才使人得以存活？
人类是不是应该像孝敬父母一样感恩地球，
爱护地球，
珍视那些能够让人继续存活下去的自然条件和环境？

了解生态学其实是认知“天条”，
建设生态文明是顺乎“天意”。

第一节 生态的实质与理念

在西方作家和画家的笔下，渡渡鸟是天性善良、行动迟缓的童话典型。它全身羽毛呈蓝灰色，成鸟嘴长超过 20 厘米，前端有弯钩。翅膀短小，双腿粗壮。臀部有一簇卷起的羽毛，如公鸭尾形。成鸟体重可达 20 多千克。没有天敌的安逸生存环境，让它们失去了原本具有的飞翔能力。

渡渡鸟仅产于印度洋的毛里求斯岛。16 世纪初，西方人登岛，渡渡鸟第一次进入人类视野。渡渡鸟也是第一次看到人类。它们对陌生的闯入者没有任何畏惧，也不知逃避。这种诚恳的轻信让不怀好意者很容易接近。它们肥硕的身躯又让贪馋者垂涎三尺。于是，人类的过度捕杀和生存环境的人为破坏，使渡渡鸟到 17 世纪下半叶就灭绝了。

渡渡鸟灭绝后并没有引起太多关注。直到 1865 年，公众在畅销童话《爱丽丝梦游仙境》中认识了这种善良可爱的动物。传讲探寻之间，读者知晓了渡渡鸟的现实结局。随着这本书的流传，也就引发了公众对渡渡鸟悲惨命运的广泛同情。

渡渡鸟的故土毛里求斯岛特产大颅榄树。大颅榄树的种子是渡渡鸟的食物。渡渡鸟灭绝后，这种珍贵的树木也渐渐稀少，主要原因是其种子落地后很少发芽，如同“不孕”或者“死胎”。研究者发现，原来这种植物的种子外壳很坚硬，必须经过渡渡鸟的消化道把其硬壳溶解，排泄出来的无外壳种子才能落土萌生。没有了渡渡鸟的帮助，直接落地的大颅榄树种子便无法

目前世界上只有十来家博物馆拥有完整的渡渡鸟骨架标本。2013 年 4 月，美国科学家就复活 24 种已灭绝动物的可能性展开了讨论，其中包括渡渡鸟。

自己破壳发芽。大颅榄树为渡渡鸟准备食物，渡渡鸟帮助大颅榄树繁育后代，真是绝妙的配合。大颅榄树与渡渡鸟之间互惠互利的共生关系，也是自然界很多生命之间的常见关系。这种关系就是一种“生态关系”。嗜杀的人类是“鸟－树”相依关系的粗暴割裂者。毛里求斯岛亿万年进化而成的完整生态系统，就这样遭受了践踏性破坏。

渡渡鸟与大颅榄树的关系正是“一荣俱荣、一损俱损”的真实生态关系的写照。图为坚硬的大颅榄树种子。

“生态”是生物与生物、生物与环境之间构成的有机体系，其内涵无比丰富，其关系无比复杂。生命之间密切相关，生生不息。所有科学研究不足以穷其底蕴奥秘，所有艺术描绘不足以展其宏富壮丽。

生态学起源于生物学。1866 年，德国生物学家海克尔（Ernst Haeckel）在《有机体普通形态学》一书中首次提出生态学概念。他把生态学定义为：研究生物体与其周围环境之间（包括生物体之间）相互关系的科学。约从 1900 年开始，生态学被公认为生物学中的一个独立领域。在生态文明时代，生态学已经成为生物学中的“显学”。只是现代生态学的广度和深度已经远远超出了海克尔的视野。但出发点并未偏离。

现代生态学研究生物生存的物质环境，包括大气圈、水圈、岩石圈及土壤组成等。这个物质环境对于生物的生态意义在于，它提供了生物存在的空间性和存活的营养性。现代生态学也研究生物的能量环境，生物存活的能量来源是太阳，这个能量来源具有唯一性。同时这个能量来源也具有区间特征，即不同区间所获得的太阳能量是不同的，这决定了生物的活动方式和生命形态。

生态学当然研究生物与生物之间的关系，以及生物与环境的关系。

物质环境和能量环境构成的生物赖以存在并活动其中的大尺度范围，就是生物圈。

生态学所研究的生物环境是生物圈的集中反映。生物圈为生物的生存提供必要的物质和能量。生物圈中的物理因素和生物因素构成具体生物的生境；种群在各自的生境中生长与繁衍，形成群落，如此等等。

1935 年，英国植物生态学家坦斯利（Tansley）提出了生态系统的概念。生态系统概念的提出对于生态学的完善建构具有深远意义。生态系统把一定时间和一定空间并存的生物与非生物理解为一个互为关联的统一整体。其中的生物体从物理环境中摄取物质和能量。这个物理环境中的组分包括光、热、空气、土壤、水分等。生物体扮演着吸收者（消费者）、生产者和分解者的角色，成长发育着自己。生物体之间也利用着“别人”的排泄物和尸体分解物。物质、能量和信息（包括个体和群体间的互动信息以及遗传信息等）在它们之间循环和传递，大家各有消长，并协同演进。

自然界的生态系统内部极为复杂，仅就生物体之间，就有着竞争敌对关系、共生关系、协同进化关系，等等。生物体和非生物体之间还有着数不清的“因地制宜”关系。这些复杂的关系造就了生态系统的高度复杂性。

生态系统毕竟是以生命为主角构成的，生物体与非生物体构成的生态系统，其负荷力是有限的。其内部的物质和能量循环运行系统是精致而脆弱的，极易受到干扰和破坏。一经破坏后，恢复也是需要时间和条件的。了解生态系统负荷的有限性和脆弱性，是保护生态系统的出发点和落脚点。

当然，生态系统也有自身的调节修复能力。正是这种自我调控性，使它可以自主生长发育，自主进化。生态系统的这个特点也告诫人类，不要轻率干预生态系统的自然演化过程。

从 19 世纪的海克尔开始，经过全世界众多学者一个半世纪的努力，生态学的研究对象、任务和方法更加清晰而丰富，生态学体系更加完善。

生态学专注于所有尺度的生命，从微小的细菌到高级的灵长类；从伏地的苔藓到高大的乔木。生态学融合目前已有的地质学、气象学、土壤学、化学和物理等各个方面的研究方法和知识，揭示生物内部以及与外界环境之间的相互关系，涉及地球活动的全过程。

生态科学是生态文明建设的思想理论基础。生态学作为一种文明价值观或思想立场，主张人类与自然生态系统要和谐相处，不要无限索取，不可凌驾于自然之上；其作为一种国家发展的理念，坚持科学的发展观，在保证自然生态完善与可承载的基础上，统筹经济与社会的平衡发展，理性而不盲目，既注重当下需求也郑重考虑后果；其作为一种全球共识，主张全人类采取公平、合作的方式，共同面对生态危机、资源耗竭、全球气候变化等决定人类命运的重大问题，选择一条更好的、可持续的生态文明之路。

我们生活于其中的地球是一个“生态地球”。生态学从生态的角度看待地球，研究地球上的生物与其周围环境（包括非生物环境和生物环境）的相互关系。如今，由于生态问题已经与人类命运密切相关，生态学也因此成为“显学”，并形成若干热点方向，例如，生物多样性研究、全球气候变化研究、受损生态系统恢复与重建研究，等等。

在生态学范畴内，深入认知生物体与周围环境的相互依存，正确把握人与生态的互动关系，对于认识地球，保护生态，指导社会与经济发展，

一些国家的农民在种植水稻时，无论是灌溉、除草，还是施肥、除虫，均不予人工干预，完全依靠自然的生态平衡能力，实现粮食生产。

具有十分重要的意义。生态学已经成为当代社会不可缺少的科学理念，是现代公民意识的文化基础，是引导生态文明历史阶段的重要理论准备。

第二节　地球生态系统

在浩瀚的宇宙中，地球是目前人类所知唯一存在生命的天体，可以说是亿万星球中的幸运儿。这是由它的先天条件决定的。地球距离太阳远近适中，合适的公转轨道、适宜的自转速度，还有大气层的保护作用和地球表面的水的滋养作用，使得地球能够孕育出生态系统和生物多样性，种类繁多、互为依存的生命就活跃在这些生态系统和生物多样性中，也正是无比多样的生命种类相互支撑，互为生存条件，构成了内涵博大的地球生态系统。如果没有这个生态系统的存在，孤立的物种不可能生存。这个以生物多样性为内容的生态系统为人类提供了诞生与发育成长的条件，是人类生存的根本，是人类得以不断进化的决定性条件。拥有生物多样性的地球成为人类得以繁衍生息的永恒家园。

一、地球生命的演化

地球诞生于约 46 亿年前，而生命诞生于地球诞生后的 10 亿年内。生

透过月球荒芜的表面，色彩斑斓的地球就像是荒漠中的绿洲，安详地漂浮在浩瀚的宇宙之中。

命的起源，经历了从无机物到简单有机物，再演变为复杂有机物，随后合成具有新陈代谢功能的蛋白质和核酸等原始生命。

原始生物在海洋中逐步进化，延续时间约为15亿年后，演化为比较原始的藻类和细菌。这些古微生物具有简单的光合作用，向大气圈释放了氧气。约13亿年前，出现了最低等的真核生物——绿藻。这是海生植物的始祖。

云南澄江发现保存完整的寒武纪早期古生物化石群，对研究生命起源具有极其深远的意义。1984年6月中旬，南京古生物研究所研究员侯先光先生来到云南澄江帽天山，每天跋涉几十里，跑遍附近的沟沟壑壑，寻找化石。7月1日下午，他发现在一个半圆形、伍分硬币大小的化石上显现出一个栩栩如生的虫体，经研究这个虫体就是“纳罗虫”。随着“纳罗虫”的发现，澄江古生物群终见天日，使曾经遮蔽生命起源的历史隧道另一端的帷幕轰然裂开了一条缝隙，让沉睡了5.3亿年的寒武纪早期生物世界从此撩开了神秘的面纱，为研究地球早期延续5370万年的生命起源、演化、生态新理论提供了珍贵的证据。经侯先生等一批地质古生物学家在澄江采集3万余件珍稀的化石标本研究，基本弄清了澄江古生物群的面貌：生物种类超过90属100余种，现今生物的所有门类都可以在这里找到远祖代表。

古植物在古生代早期以海生藻类为主，至志留纪末期，原始植物开始登上陆地。其中进化而成的蕨类植物特别繁盛，进而形成茂密的森林。陆地绿色植物的出现，对现代大气的形成具有重要的意义。

陆地植物不断放出氧气，氧分子在太阳紫外线作用下生成臭氧，在大气层上层形成臭氧层，阻隔太阳紫外线射向地面，使大陆成为生命可以存活和发展的新天地。

在生命进化谱系中，与植物进化分支并行的是动物进化。约13亿年前出现的最低等的真核生物经历6亿年的进化，海生无脊椎动物开始出现，

左：在地质历史时期，一共发生了5次大型灭绝事件。每一次动植物大规模的灭绝后，生态系统在经过长时期的复原后又会重新走向繁荣。在地球的生命长河里，究竟出现过多少物种，注定是无解之谜。

右：人类赖以生存的地球生态系统，形式多样，绚丽多彩。图①～⑥分别为：中国西藏的雪域高原景观，南迦巴瓦峰下的村落，新疆的胡杨林，海南东寨港的红树林，青海的油菜花地，湖南张家界的喀斯特地貌（摄影：①杨旭东，②杨旭东，③俞言琳，④李跃进，⑤邸济民，⑥李敏）。

主要是三叶虫、软体动物和棘皮动物，继而出现了低等鱼类、古两栖动物和古爬行类动物。古两栖动物和古爬行类动物已经能够陆地化生存。

大气中富含氧气，陆地上活动的两栖动物和古爬行类动物由腮呼吸改为肺呼吸。

2.3 亿年前的三叠纪，恐龙出现了，开始支配全球陆地生态系统达 1.6 亿年之久。恐龙的灭绝，可能源于地球遭受一颗小行星或彗星的猛烈撞击，引起环境剧变，大量扬尘形成的“撞击冬天”使恐龙灭绝，同时有 70%的物种也灭绝了。洞穴生活和夜行性的哺乳动物，幸运地度过了“撞击冬天”，随即大量繁殖，并依据各自生存环境的特点，“特化进化”成为后来千姿百态的生命类别。

经过约 5000 万年的演变，形成了接近于目前的地球生态格局：在富氧的大气圈和水圈的护佑下，陆地生命和水生生命（包括动物、植物及其中间形态的生命体），依据各自生境的条件和资源，互相依存，也互相竞争，繁衍生息，发育成长。

二、人类在大生态系统中的历史演化

在生命进化过程中，进化速度最快和生存能力最强的是灵长类。正是在这个类别中，发育出居于进化之巅的人类。

人类作为灵长目人科人属的直立行走的物种，大约起源于 500 万年前的东非。人类在演化过程中通过劳动加速进步，积累了大量的科学知识；人口数量也从史前的十几万迅速增长至目前的约 70 亿（2012 年）。人类高踞于生态食物链的顶端，创造了可以由自己相对独立操控的社会文明系统，对整个自然生态系统的干预影响能力也越来越强。

如果将地球生态的历史比作一个人的一生，那么人类历史在地球生态演化全程中仅占最近的半个小时。但人类却前所未有地改变了地球的面貌和环境。

地球作为人类的摇篮，为人类的文明提供了宝贵的自然资源和活动场所，而人类历史也是在适应、改变、征服和保护地球生态环境中走向进步的。离开了人类的主题，也无所谓环境变化的影响。人类社会演化的过程相当复杂。可以从主要历史阶段的生产工具（代表生产力发展水平）和人口（代表资源需求量），简单分析人类与地球生态环境的联系。

通常，人类历史大致被分为原始文明时期、农业文明时期、工业文明时期和即将进入的生态文明时期。

在原始文明时期，人类生产力水平很低，初期只能制造简单的石器、弓箭和独木舟等工具，依靠狩猎和采集维持生活。人类抵御自然灾害的能力也非常有限。经验、知识只能靠口头相传的方式流传。人口数量少，依靠部落群居的共同劳动来抵御野兽攻击和自然灾害。原始社会对地球生态产生的影响非常小。

以采集和耕种为主要表现形式的农业文明在原始社会就诞生了，土地和劳动力是构成农业文明的经济要素。农业文明发展到较高阶段，金属工具（青铜器和铁器）应用到生产当中去，极大地提高了生产力水平。由于粮食作物产量的提高，人口数量开始较快增加，在主要农业发达地区出现了城市。这一时期对地球生态的影响主要表现在大规模的开垦土地、砍伐森林和建立灌溉系统等。

农业活动就是人类扰动自然生态系统，创造人工生态系统的最大案例。人类开垦荒地，将天然生态系统予以改造，清除原有的物种，种植自己需要的庄稼。庄稼会招来种类相对集中的害虫和捕食害虫的动物，以及与庄稼伴生的杂草，于是在农田里形成一个新的生态系统。人工生态系统如果离开人的活动就无法继续存在下去，如果人们将农田抛荒，很快就会产生新的生态系统，即杂草遍地，也许会沙漠化，但不会恢复到原有的生态系统。这就告诉我们，对于已遭破坏的环境，承诺恢复到自然状态，并非简单之事。

工业文明是手工劳动转向大机器生产的时代，是蒸汽机发明等一系列技术革命所开启的一种新经济形态。工业文明通过强化技术手段，让人类从自然界的奴役中摆脱出来，极大地提高了社会生产力水平。人类利用自然资源，最大限度地创造物质财富。但同时资源被极大消耗，自然环境付出巨大代价，生态系统日趋恶化，加剧了濒危物种的灭绝和生物多样性的丧失。

今天，人类在工业文明时代的辉煌已经走到了交叉路口，是延续老路走下去，还是摒弃过去的观念，树立与大自然相互和谐依存的生态文明世界观，需要做出一个选择。

生态文明是农业文明和工业文明之后的一个更高文明阶段。

三、人类与地球生态的关系

从人类演化的历史可以看出，人类属于地球，地球却不属于人类。没有人类的时候，地球还是地球。反过来，如果人类没有地球，人类也就无从谈起。所以，人类不是地球的主宰。人类在地球上过于霸道和为所欲为，是没有道理的。

人类发展是具有一定盲目性和不可预料性的。科学技术已经可以有力改变自然界状态，并推动着人类进化的进程，但同时也导致地球资源的大量消耗，引起污染物的过量排放，破坏了大自然的自净能力，加速了物种的灭绝和生物多样性的丧失，给地球环境带来了前所未有的危机。这种地球环境危机同时严重地威胁着人类生存。如果人类使用强大的科技工具向大自然无限索取，那么人类文明很可能最终毁于自身的这种盲目发展。

人类社会历史进化与生产工具、战争武器和人口数量的简单示意表

<table>
<tr><th>人类历史</th><th>生产工具</th><th>战争武器</th><th>时间序列</th><th>人口数量（万人）</th></tr>
<tr><td rowspan="8">原始文明时代</td><td rowspan="8">石器时代</td><td rowspan="12">冷兵器时代</td><td>前10000</td><td>100</td></tr>
<tr><td>前9000</td><td>300</td></tr>
<tr><td>前8000</td><td>500</td></tr>
<tr><td>前7000</td><td>700</td></tr>
<tr><td>前6000</td><td>1000</td></tr>
<tr><td>前5000</td><td>1500</td></tr>
<tr><td>前4000</td><td>2000</td></tr>
<tr><td>前3000</td><td>2500</td></tr>
<tr><td rowspan="5">农业文明时代</td><td rowspan="3">青铜时代</td><td>前2000</td><td>3500</td></tr>
<tr><td>前1000</td><td>5000</td></tr>
<tr><td>前500</td><td>10000</td></tr>
<tr><td rowspan="2">铁器时代</td><td>1</td><td>20000</td></tr>
<tr><td rowspan="2">黑火药时代</td><td>1000</td><td>31000</td></tr>
<tr><td rowspan="6">工业文明时代</td><td>蒸汽时代</td><td>1750</td><td>79100</td></tr>
<tr><td rowspan="2">电气时代</td><td rowspan="3">现代兵器时代</td><td>1850</td><td>126200</td></tr>
<tr><td>1900</td><td>165000</td></tr>
<tr><td rowspan="3">信息时代</td><td>1950</td><td>251863</td></tr>
<tr><td rowspan="2">热核兵器时代</td><td>1955</td><td>275582</td></tr>
<tr><td>2010</td><td>683059</td></tr>
<tr><td>生态文明时代</td><td></td><td></td><td></td><td></td></tr>
</table>

注：人类社会发展在空间和时间上都是非常复杂的，而非按照单一的顺序进行，比如美洲社会历史跳跃式演化。因此，本表格仅代表了一般性的近似认识而非准确的分割。

四、生物圈中的能量循环

生物圈是地球上最大的生态系统，其进化大约始于35亿年前；其范围大约为海平面上下垂直约10千米。生物圈占据大气圈的下层，处于地球水圈及岩石圈的上层。

生物圈由所有相互依存的生物及其所依托的密切环境构成。这个大生态系统具有极度复杂性、全球开放性和自我调控性。

生态系统发育和运行的动力就是能量。一切生命活动都伴随着能量的转化。没有能量的转化，也就没有生命和生态系统。

地球生物圈中从能量流动，到生态系统的运转，光合作用所起的作用最大。每年地球上约有750亿吨碳原子通过光合作用，由二氧化碳转移为有机大分子，如糖类、氨基酸和其他化合物。

大气中的碳主要以二氧化碳的形式存在着，其中的碳约为7500亿吨。水中溶解状态二氧化碳占有重要的地位，如表层水中含有约5000亿吨碳；而海洋中约含有39万亿吨的碳。因此，海洋是地球最大的碳库。大气中的二氧化碳被植被截获后，通过光合作用转变成的总生物量约含1200亿吨碳。这个总生物量用来供养人类、动物以及植物本身的需要。假设生物圈处于平衡状态，总生物量的有机物质将仅用于维持生物圈的现状。

二氧化碳的产生主要来自动物、植物和微生物的呼吸消耗。其中，微生物的生物量是绿色植物的1/2000，但两者呼吸消耗产生的二氧化碳量却基本一致。这几类生物的生物量和消耗光合产物的情况如下：840亿吨有机物被用来保证2000亿吨的绿色植物呼吸消耗；50亿吨有机物被用来燃烧；200亿吨有机物被用来维持20亿吨动物的生活；6亿吨有机物被用来保证1亿吨人类生活的需要；845亿吨有机物被用来弥补10亿吨细菌和真菌呼吸的消耗。

地球上一切生命能够利用的能源最初都是来自太阳能，陆地上的绿色植物及海洋中的藻类利用太阳能，进行光合作用，使自己得以生长。这样的生长过程从能量的角度看，是能量转换。

光合作用是地球上的植物在常温、常压下对太阳能的转化与物质合成。没有光合作用，就没有生物圈。作为生态系统中最重要组分的生产者，绿色植物进行的光合作用奠定了生态系统最基本的特征，即能量流动与物质循环的基础。所以，绿色植物是生态系统中的“一级生产者”，是生态系统的初始生产力。由此不难理解，伤害绿色植物实际上是在破坏整个生态系统的根基。

在生物圈中的几个类群中，其生态功能大致分工如下：所有的陆生植物和水生与海洋藻类负责截获太阳能，释放氧气，并作为“一级生产者”，生产动物所需要的绿色食物；陆生食草动物和海洋“食草”动物，消费绿色植物，它们是“一级消费者”；陆生肉食动物和海洋肉食动物食用各自生

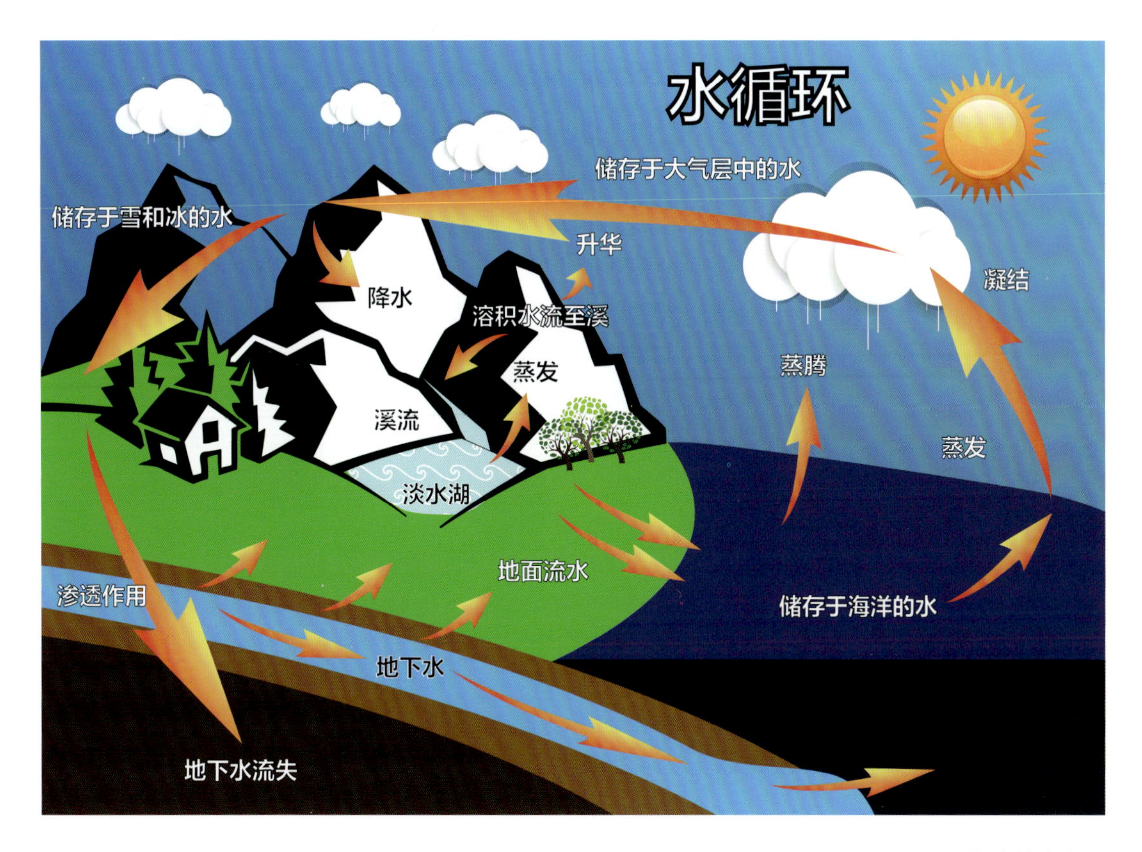

地球的水在吸收太阳辐射能量后，蒸发或升华进入大气。大气中的水被输送到不同地方，在冷凝等条件下形成降水进入地面，然后通过渗漏、径流或蒸发参与循环。

境中的食草动物，它们是“二级消费者”；人类居于复杂食物链的最顶端，既可以“吃草”，也可以吃肉，在食物链中兼具一、二、三级“消费者”的身份。

食物链就这样环环紧扣地运转。

所有的微生物，负责将动植物的尸体分解利用，还原回大气和土壤，不留下一点痕迹。部分腐食动物也具有对动物尸体的消化与还原功能。这样完美的生命循环过程，是人类科学技术到目前为止还不能模拟的。

生态系统与环境进行物质和能量的交流，保持生态系统不断地进行新陈代谢，在这种交流中自发地向平衡态演化。

生态系统除了需要能量外，还需要水和各种矿物元素。这首先是由于生态系统所需要的能量必须固定和保存在由这些无机物构成的有机物中，才能够沿着食物链从一个营养级传递到另一个营养级，供各类生物需要。否则，能量就会自由地散失掉。其次，水和各种矿质营养元素也是构成生物有机体的基本物质。因此，对生态系统来说，物质同能量一样重要。物质可以在各动植物圈内循环，而没有多大的消耗。以二氧化碳形式存在的碳被植物吸收，经植物和动物的呼吸作用排出。被动植物固定在体内的水、钙和其他微量元素，一旦动植物死亡会重新分解回到其他自然圈，有可能积累形成化石矿物。

五、生态系统的尺度和状态差异

各种生物种群，包括动物、植物、微生物等，在自然界的一定范围或区域内生存，与自己所依存的环境直接构成具体的生态系统。生态系统大小不一，多种多样。重要的是看我们在怎样的尺度上界定一个生态系统。小到一滴湖水、一个独立的小水塘、热带雨林中一棵大树，大到一片森林、一座山脉、一片沙漠、一条河流，乃至整个生物圈，都可以是一个生态系统。

生态系统具有自己的结构，可以维持能量流动和物质循环。地球上无数个生态系统的能量流动和物质循环，汇合成整个生态圈的总能量流动和物质循环。一个生态系统内各个物种的数量比例、能量和物质的输入与输出，都处于相对稳定的状态。如果环境因素变化，生态系统有自我调节恢复稳定状态的功能。如果环境因素变化缓慢，符合生物发育生长和自然选择的节奏，原有的生物种类会逐渐让位给新生的、更适应新环境条件的物种，这叫做生态演替。但如果环境变化太快，生物来不及通过自然演化以适应新的环境，则造成生态平衡的破坏。

地球生态系统可以大致分为陆生生态系统和水生生态系统。按照人类活动的影响，也可以分为自然生态系统（森林、湿地、草原、海洋和荒漠等）和人工生态系统（农田、城市等）。人工生态系统一旦离开人类的维护，

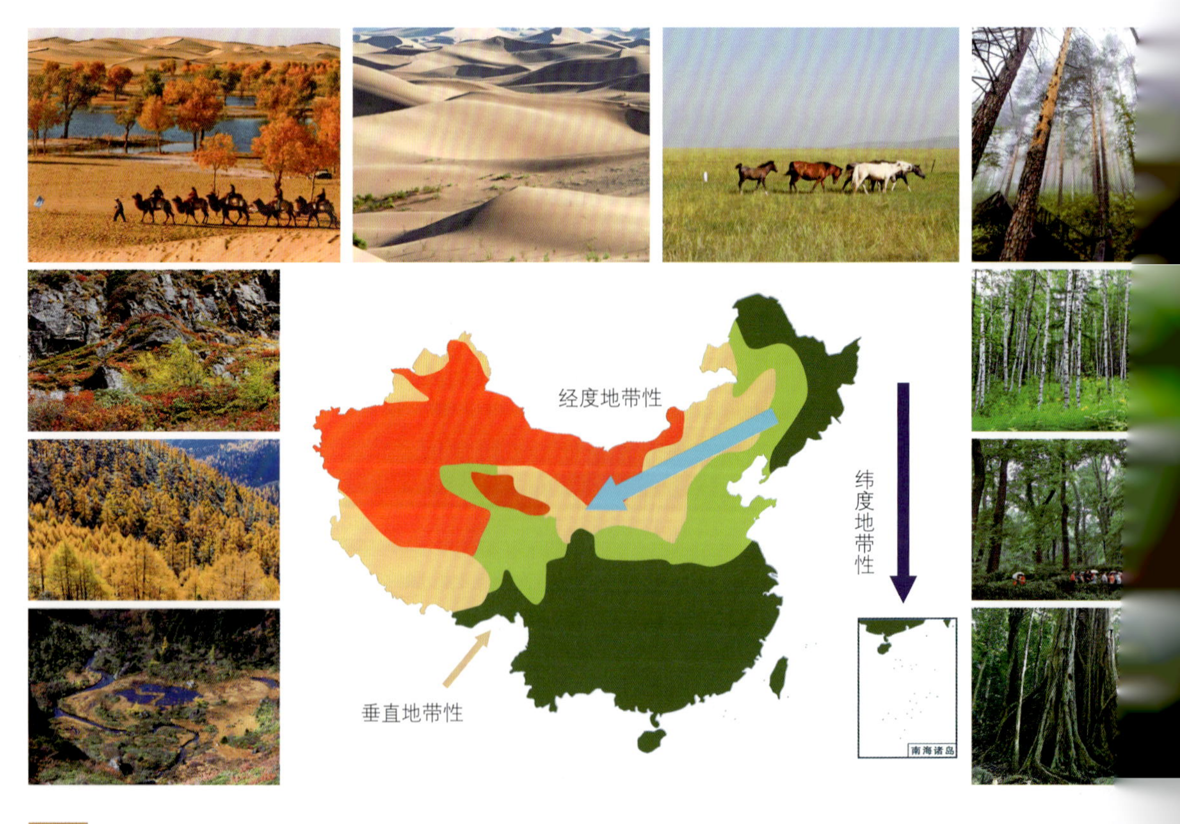

中国生态系统地带性分布规律示意图。其中绿色部分为季风气候区，红色为非季风气候区。右侧为纬度地带性分布规律，主要受温度控制，图片展示了从大兴安岭针叶林、张家口坝上温带白桦林、亚热带常绿阔叶林到西双版纳热带雨林（摄影：右1、2邸济民）；上方为经度地带性分布规律，主要受水分控制，图片自右向左展示了从大兴安岭针叶林、赤峰温带草原、阿拉善荒漠到新疆沙漠景观（摄影：邸济民、于述明、李跃进、俞言琳）；左侧为垂直地带性分布规律，图片主要展示了喜马拉雅山南麓随海拔变化呈现的高山灌丛草甸带、山地温带针叶林和山地热带雨林景观（摄影：杨旭东）。

就会解体，回到自然演化状态。

各生态系统相互之间并不是完全隔绝的，有的物种游动在不同的生态系统之间，每个生态系统和外界也有少量的物质能量交换。有些生态系统之间具有重叠和交叉之处。

陆生生态系统受热量、水分和地形等因素影响，会呈现地带性分布的状态。这是由于太阳辐射热量在地球的不同纬度会有所变化，引起气候(温度、降水）呈带状分布，从而使动植物类型也相应地呈现带状分布。例如，在水分充足的条件下，从赤道向极地依次分布着热带雨林、亚热带常绿阔叶林、温带落叶阔叶林、寒温带针叶林、寒带冻原和极地荒漠。

地球陆生生态系统中也存在着因海拔高度变化而形成的垂直带性分布，称之为“立体分布”。这是因为地表温湿度会随着海拔高度而逐渐降低，导致山下、山腰和山顶的生态系统性状出现差异。以青藏高原南缘的喜马拉雅山脉南翼为例，从低到高有如下各垂直自然带：低山季雨林带－山地常绿阔叶林带－山地针阔叶混交林带－山地暗针叶林带－高山灌丛草甸带－高山草甸带－亚冰雪带－冰雪带。

地理与气候条件的繁多差异，是地球生物多样性的存在基础和决定性条件。正是环境条件的千差万别，造就了地球生态系统的多样性。

第三节　请尊重地球

一、自然生态的不可复制性

1987 年，位于美国亚利桑那州图森市北部“生物圈二号”(Biosphere 2）开始建造。“生物圈二号”试验的目的是：观察空气、水和废物在一个封闭的环境中怎样进行再循环，并验证在实验室条件下，是否能够创造出一个稳定的生态系统，以寻找维持生存和净化环境的有效途径。这个实验系统集中了当时各科学技术领域最先进的成果，反映了所能够实验的所有意图和目的。科学家们尝试着循环使用各种自然资源，并维持生态平衡。最终，“生物圈二号”以失败告终。

“生物圈二号”的失败告诉我们，简单地将地球上的各种生态类型罗列在一起而组成的生物系统，不会像地球生物圈那样运行。自然生态系统是人类目前还无力复制的。地球生物圈中的生物经过了亿万年的进化拟合匹配，环环相扣，天衣无缝。其中的生物多样性组分和互动方式，还是人类远没有认识清楚的。面对浩瀚的地球生物圈，人类还必须承认自己的无知。

“生物圈二号”的失败也使人们更加明白了一个道理：“目前，地球仍

“生物圈二号”就像一个巨大的“生态球”，在拱形玻璃罩下，里面有 3800 种动植物。此外还有湖泊、沙漠、树林、草地和农田、楼房以及制造人工气候的装置。从 1991 年 9 月 26 日起的两年中，美国科学界进行了人工生物圈实验。8 位男女科学家自愿住进了一个由玻璃和钢架建成的 3.1 英亩（1 英亩 =4046.86 平方米）的人造小世界里，从事两年的生态实验。除了一部电传机和电能供给外，他们与外界完全隔离。8 位科学家要亲自饲养家禽、牲畜，种植农作物，方能维持生活。在这里，任何东西也不会浪费，都会循环使用：比如人吸入氧气呼出二氧化碳，绿色植物进行光合作用，则正好相反；任何农药都严禁使用，庄稼有病虫害，将用瓢虫、黄小蜂进行生物防治。

然是人类的唯一家园。人类现有的能力还不足以创造一个可以与地球造化能力相媲美的生态体系。”人类顺应自然是不可动摇的最高生态哲学法则。“人定胜天”的念头是违背自然规律的。

生物和生态系统有自己发育和生长所遵循的天然大道，非人力所能够强塑强求。

早在人类活动出现以前，地球上就已经存在着万类生命，它们是早于人类而定居的地球主人。那些早于人类而自主生存的丰富物种与自己生存的环境，已经组合成一个完美的生态系统，不同因素之间的相互作用在时间和空间上匹配得无比精妙。能量与物质循环达到平衡的状态也妙到毫巅。

人类诞生之后，尤其是具有了科学理性和生态文明意识之后，必须懂得地球是人类与万类生命共同的母亲，人对天生万物要心怀“友于兄弟”之心，人类不是凌驾一切之上的霸主。

只有几百年发展史的人类科学，更没有资格与亿万年形成的地球自然创造力相匹敌。即使已经能够登陆月球与火星的人类，在地球造化面前也必须谦虚谨慎，戒骄戒躁。更没有资格颐指气使，为所欲为。

二、人类活动的影响

20 世纪 20 年代，人类发明了用于空调、冰箱的制冷剂氟利昂。约 50 年后，人类观测到南极地区出现臭氧层空洞现象，并认识到臭氧层空洞的出现与人类大量使用氟利昂的直接相关，也发现了臭氧层空洞对地球生物的严重危害。

1939 年，瑞士化学家米勒发现，新合成的 DDT 可作为一种高效的杀虫剂，继而得到广泛应用。20 多年后，科学家在南极企鹅的体内也检测出 DDT。该化学物质随着食物链的富集，几乎导致美国国鸟白头海雕新陈代谢异常而灭绝。

随着交通工具的发达和各种沟通机会的增加，物种的长距离迁移现象也日渐增多。1859 年，欧洲野兔作为休闲狩猎的猎物从英国被带到了澳大利亚。由于没有天敌的抑制作用，兔子开始无限制繁殖。野兔 3 个月龄就可以进入繁育期，1 个月能够繁殖一窝。一对性成熟的兔子在一年半内，就能创建一个成员超过 180 只兔子的大家庭。野兔引进大洋洲大约 70 年后，这里的兔子达到 100 亿只以上。巨量的野兔每年给当地农场主造成数亿美元的损失，也与多种本土物种争夺食物资源，让本土物种因食物短缺而衰减。本土生态系统遭受巨大威胁。20 世纪 50 年代，澳大利亚以释放病毒的方法遏制兔子增长，99.8% 的野兔死于病毒感染，极少数幸存的兔子却形成了对这种病毒的较强免疫力。到 1990 年，获得免疫力的野兔恢复到 6 亿只左右。科学家们只能引入及研发各种新病毒，但至今都没有达到预期效果。澳大利亚的人兔之争还在激烈进行，澳大利亚经济还在为当初的草率引进支付着巨大代价。

中国也在承受外来物种侵袭的伤害。目前，薇甘菊、紫茎泽兰、大米草、水葫芦等外来植物，都在威胁着中国大陆的生态系统。为遏制它们的侵害，支付的代价越来越高。

20 世纪 60 年代，美国气象学家洛伦茨发现，在天气预报的模式里，输入的细微差异可能很快成为输出的巨大差别，由此形象称其为“蝴蝶效应”。相当于说，一个地方的蝴蝶翅膀扇动，很可能在远方引发一场风暴。人类在自身活动中不经意间带来的极少量外来物种，很可能在遥远的引入地引发巨大生态灾难，例如澳洲野兔的引入后果，就是这样的“蝴蝶效应”。

外来有害植物——薇甘菊危害状

从福寿螺到食人鲳，从水葫芦到美国白蛾，我国已成为遭受外来物种危害最严重的国家之一。图为广东北江发现的入侵“怪鱼”——雀鳝，它是来自美洲的食肉类外来鱼种，生性凶恶，繁殖速度快，一旦繁殖成群，将直接危害其他鱼类（新华社供稿）。

“蝴蝶效应”理论警示人类，在生态问题上，人类必须高度谨慎和警惕。不合理的人类活动是造成生态系统失衡的最主要因素。人类活动造成的环境污染会从物质和能量方面破坏生态系统的平衡，有时能够造成范围广泛的永久性破坏。

人类目前已经认识到生态平衡被破坏的后果，正在力图帮助恢复其平衡，但这需要付出资金和能量。恢复比破坏要困难得多。

从人类合成并使用DDT、氟利昂等人造化学物质，到意识到它们对生态环境的巨大危害，我们能够看出两点：①认识这些潜在的危险行为需要经历较长的时间；②人类具备对可知的危险行为采取主动的减缓措施。这就警示人类，在做出行动之前，要全面深入评估环境风险，计量生态后果，尽早或者能够提前认识自身行动的生态危险性，尽可能使防范措施来得及时一些。爱护自然，维持生态平衡，应该成为当今社会一切“开发性”行动的前提或出发点，至少是决策的必有参照系。

三、感恩地球是生态文明的基本理念

地球上的低等生物进化到高等生命，人类从原始状态进入现代文明，这一切都是地球的赐予。地球完全是以母亲般的付出，哺育着人类和人类文明的发育成长。

地球养育人类的时间以万年计，其付出无法计算，却从未要求回报。人对地球要有感恩之心，敬重之义，热爱之情。

在地球对人类的长期哺育过程中，它的血肉已经消耗太多，它的肌体已经呈现疲惫，它需要得到爱护。现今已经高度文明化的人类，确实需要拿出与自己的文明水平相称的心思，认真思考一下如何报答地球的深恩，让地球在人类的爱护中得到休养恢复。人类对于地球，应当如同长大的儿女，在懂事后必须知道自己应该回报父母。为爱护与恢复自然作贡献，这是对地球的“行孝”，与人对父母的行孝并无本质不同。生态文明应该是一种对地球充满感戴之心的文明。

Chapter 2

第二章
生态系统及其功能

人人都享用森林，
赞美草原，
感叹荒漠，
徜徉湿地，
畅游海洋，
吞吐空气。
人人也都觉得这些全是习以为常之物。
可一旦换上生态的角度看待它们，
大自然在你的眼中和心里，
就会昭显异样价值，
深层景致，
科学风采。

生态系统在地球上究竟承载着怎样的功能？
人类在生态系统中又处在一个什么样的位置？
看似人类在主宰生态系统，
但换一个角度我们就会发现，
人类也不能离开生态系统而生存。

第一节 森 林

2012年，著名野生动物纪录片导演帕特里克·卢瑟尔来到印度尼西亚，拍摄一部关于森林砍伐的电视片。他吃惊地发现，一只红毛母猩猩因为失去了家园，竟至于伤心惨死。其痛彻心扉的程度不亚于人类失去至亲而伤心欲绝。

影片真实记录了无情的砍伐彻底毁灭了雨林，烧焦的树桩残留在地面上，曾经茂密葱茏的雨林只剩下遍地灰烬。

家园遭袭的红毛母猩猩身体虚弱，满面无助与哀伤。卢瑟尔把它安放在小房子里。奄奄一息的母猩猩躺在床垫上，与猝然破碎的家园做凄惨的诀别。

卢瑟尔说，森林砍伐正在“蹂躏我们的地球”。印度尼西亚是世界上森林砍伐最严重的国家，一年平均有近200万公顷森林被无情砍伐。这个国家在20世纪50年代还拥有约1.6亿公顷森林，现在已经剩下不到4800万公顷。

一、森林的前世今生

为什么森林遭到这样的残害？因为人类只关注森林的物质产品和经济价值，却不知道或故意无视森林的生态价值和生态产品。

森林是乔木与其他植物、动物、微生物等共同构成的生物群落。这个

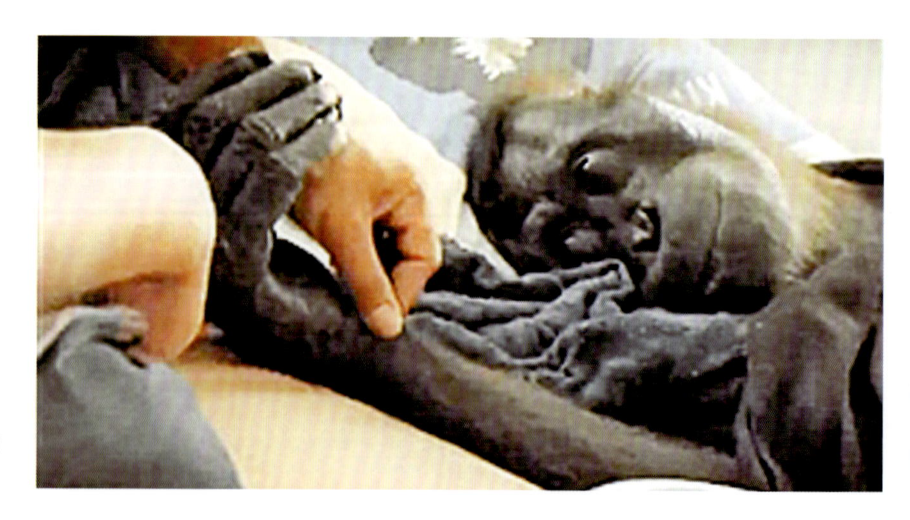

森林家园被毁，红毛母猩猩悲伤而死。

生物群落对日照、降水和土壤等环境要素具有密切的依存关系。自然形成的森林不仅仅是拥有大量乔木，而且是多元构成的一个生态体系。

依据不同气候特征和相应的森林群落，人们常常把森林划分为热带雨林、常绿阔叶林、落叶阔叶林和针叶林等基本类型。

森林在陆地上的分布很不均匀。在世界各国中，俄罗斯、巴西、加拿大、美国和中国是森林资源最丰富的 5 个国家，约占世界森林总面积的一半以上。世界上还有 10 个国家或地区根本没有森林，54 个国家的森林不足其国土面积的 10%。

中国自古就是一个多林国家。但是，近代以来由于长期乱砍滥伐和林地破坏，我国的森林越来越少，到新中国成立时，我国的森林覆盖率只有 8.6%，已经变成了少林国家。20 世纪 50 年代之后一直坚持的“植树造林，绿化祖国”政策，使得我国的森林覆盖率逐年上升。但到今天我国森林覆盖率仍远低于全球 31% 的平均水平，人均森林面积仅为世界人均水平的 1/4，人均森林蓄积只有世界人均水平的 1/7，森林资源总量相对不足、质量不高、分布不均的状况未得到根本改变。

第八次全国森林资源清查结果（2014 年 2 月公布）表明，我国森林资源进入了数量增长、质量提升的稳步发展时期。

二、森林：生态宝库

森林是地球上最大的陆地生态系统，是全球生物圈中重要的一环。它是地球上的生物基因库、碳贮库、蓄水库和能源库，对维系整个地球的生态平衡起着至关重要的作用，是人类赖以生存和发展的基础。

1. 生物圈的能量基地

森林面积广阔，结构复杂，光合效率高，光能利用率达 1.6% ～ 3.5%，生长更新能力旺盛，是地球上生产力最高的生态系统。据测算，森林生态系统每年固定的太阳能总量，占陆地生态系统每年固定太阳能总量的 63%。森林生态系统每公顷生物的总质量为 100 ～ 400 吨，是农田或草原的 20 ～ 100 倍。因此，森林的生物产量在所有植物群落中是最多的，是生物圈最大的能量基地，在维持生物圈的稳态方面发挥着重要作用。只要合理利用，森林就是一个取之不尽、用之不竭的巨大能源宝库。

正因为森林有着如此巨大的生产力，动物才喜欢选择森林作为栖息繁衍地。人类的祖先最初也是生活在森林里的。他们靠采集野果、捕捉鸟兽为食，用树叶、兽皮做衣，在树枝上架巢做屋。因此，森林是人类的老家。直到今天，森林仍然为我们提供大量的资源，据估计世界上依然有 3 亿人以森林为家，靠森林谋生。

2. 生物多样性的摇篮

在地球所有的生态系统中，森林是极为丰富的生物资源和基因库。在热带雨林，约有 200 万～ 400 万种生物生活于其中。在广袤的森林里，有着各种各样、层次分明的植物群落。一般可分为乔木层、灌木层、草本层和地面层 4 个基本层次，而在有的原始森林里，植物群落甚至多达 7 ～ 8 个层次。森林中还生存着大量的野生动物，如大象、野猪、羊、牛、狮子、狼、老虎，无数种类的鸟、昆虫，地下还有田鼠、蚂蚁等等。在我国的西双版纳，这个面积只占全国 0.2% 的山区，目前已发现的陆栖脊椎动物就有 500 多种，约占全国同类物种的 25%。我国长白山自然保护区植物种类十分丰富，约占东北植物区系近 3000 种植物的一半以上。

森林为各种生物的孕育和生长提供了摇篮和温床，提供了食物源和庇护所。这是森林的重要生态功能。森林中多种多样的物种是相互依存的，互为生存条件。据科学家估计，森林中一种植物的灭绝，可能造成 10 ～ 30 种动物的消失。可见，森林在维持生物多样性方面的作用有多么重要！

3. 洁净空气的制造机

健康的森林是生态良好的标志。从全球范围来看，森林生态系统还是控制全球变暖的缓冲器，全球变暖约 30% ～ 50% 的起因源于森林减少。

森林在提供清新空气方面也有显著的作用。正是由于这个原因，人们将森林形象地比喻成“地球之肺”。

森林能吸收二氧化碳，制造氧气。大气中的二氧化碳通常含量为0.03%，如果持续增加，就会引起气候变暖，对人类生产生活甚至人类的生存造成重大威胁。树木每生长1立方米蓄积量，可以吸收1.83吨二氧化碳，释放1.62吨氧气。1公顷阔叶林一昼夜可吸收约10吨二氧化碳，释放出730千克氧气，可供1000人呼吸。在城市里按每人每天呼吸消耗0.75千克氧气计算，如果平均每人占有10平方米树木或25平方米草地，他们呼出的二氧化碳不怕没有去处，所需要的氧气也就不用发愁了。

一座20万千瓦燃煤发电机组排放的二氧化碳，可被48万亩（1亩=1/15公顷）人工林吸收；一架波音777飞机一年排放的二氧化碳，可被1.5万亩人工林吸收；一辆奥迪A4汽车一年排放的二氧化碳，可被11亩人工林吸收。森林是陆地上最大的储碳库和最经济的吸碳器。据估计，陆地生态系统一半以上的碳储存在森林生态系统中。在陆地上，森林的碳汇作用无与伦比。

森林还具有吸收有害气体、杀灭菌类、净化空气的功能。据科学家们研究，森林中有许多树木和植物，能够分泌杀菌素，杀死病菌。例如，杉、松、桉、杨、圆柏、橡树等能分泌出一种带有芳香味的气体“杀菌素”，能杀死空气中的白喉、伤寒、结核、痢疾、霍乱等病菌。据调查，在干燥无林处，每立方米空气中含有400万个病菌，而在森林中则只有几十个了。森林对大气中的灰尘也有阻挡、过滤和吸收的作用，可减少空气中的粉尘和尘埃。一般情况下，每公顷松林滞尘总量为36.4吨，云杉林为32吨。

所有这些对生态环境的良性贡献都是森林生态系统生产的价值巨大的生态产品。

槐树常见于华北平原及黄土高原。槐树树体高大、树阴浓密，自古以来就是我国绿化、观赏树种之一，是很好的行道树。槐树对二氧化硫、氯气等有毒气体有较强的抗性。很多城市将其作为市树，如山东的淄博市和泰安市（摄影：温晋）。

4. 人居环境的改善者

森林是人居环境的好朋友、好帮手。据科学家研究，森林里有一种对人体健康非常有益的物质——负氧离子，它能促进人体新陈代谢，使呼吸平稳、血压下降、精神旺盛，还能提高人体的免疫力。在城市的房子里每立方厘米只有 40 ~ 50 个负氧离子，而在森林、山谷、草原等地方，每立方厘米的负氧离子则超过 1 万个!

森林还是噪音的有力阻滞者。噪声是现代城市的一大公害，当噪声达到 80 分贝时，人就容易疲倦，当达到 120 分贝时，人的耳朵会痛，听力会减弱。由于树木有茂密的树叶，因而可降低声音强度。一般情况下，40 米宽的林带就可降低 10 ~ 15 分贝的噪音。

森林还有调节气候的作用。森林树冠层密集，使得树林内部获得的太阳能辐射少，林外热空气不容易传导到林内。而到夜间，林冠又可以实现保温效果，所以，森林内昼夜温差和冬夏温差小，宛如安装了一个美妙的大空调。据测定，在高温夏季，林地内的温度较非林地要低 3 ~ 5℃。此外，森林中植物的叶面有蒸腾水分作用，它不仅使周围空气湿度提高，而且会把从地下吸收的水蒸发到大气中，因此在大面积的森林上空，空气湿润，容易成云致雨，增加地域性降水量。据测算，1 公顷森林 1 年能蒸发 8000 吨水，因森林而增加的降水量可占陆地总降水量的 1/3 以上。

森林以自己郁郁葱葱的生命和永不停息的生长，贡献着降尘降噪，改善空气质量，调节小气候的温湿度等有益于人类健康长寿的生态产品。

云南滇西北原始森林。西南百年大旱告诉我们，森林越多旱灾越少。

5. 涵养水源并遏制水土流失

森林造就了乔、灌、草、地被、土壤这样一个多层结构。雨水穿过森林时，会被截流一定流量。以四川西部、岷江上游为例，在海拔 3400 米，坡度 20° ～ 30° ，200 年的云、冷杉林里，林冠和苔藓、枯枝落叶的最大拦蓄降水量为 10 ～ 15 毫米。有林地较皆伐迹地（无林）可多拦蓄降水量 150 ～ 200 毫米。这就既可涵养水源，又能保持水土。

森林涵养水源和其防止水土流失的功能是同时起作用的。下雨的时候，雨水一部分被树冠截留，这种截留可降低降水强度，从而减少雨水对土壤的侵蚀，减少水土流失。大部分雨水落到疏松多孔的林地土壤里蓄留起来，有的通过蒸发返回大气，有的被植物根系吸收。森林土壤会形成涵水能力很强的孔隙，每公顷森林平均可贮水 500 ～ 2000 立方米，而渗入土壤深层和岩石缝隙的雨水则以地下水的形式缓缓流出，冲不走土壤。据非洲肯尼亚的记录，当年降水量为 500 毫米时，农垦地的泥沙流失量是林区的 100 倍，放牧地的泥沙流失量是林区的 3000 倍。由此可见，防止水土流失的最好帮手就是森林。

森林能防风固沙，防止土壤风蚀。狂风吹来，森林用自己高大的身躯挡住风的去路，降低风速，用自己坚实的根系抓住土壤，稳定浮土。可以有力阻滞土壤风蚀，防止土地沙漠化。土地沙漠化是当今世界面临的一大灾难，全球沙漠化的土地面积日益扩大，而防止沙漠化的有效措施之一就是植树造林。例如，我国营造的“三北”及长江流域等防护林体系建设工程，对防风固沙起到了巨大作用。而一些地方，由于森林植被遭到破坏，旱涝灾害频繁发生，大江大河泥沙俱下，造成土地贫瘠，生态环境恶劣，从而导致贫困。

三、森林经济价值与生态价值的比较

森林不仅是巨大的经济财富，而且本身就拥有巨大的生态价值。

首先，森林提供木材等生产原料。在传统时代，木材是人类社会的主要构件材料，大多数工具和建筑都依靠木料，也是主要燃料。即使进入工业社会，木材依然是与钢材和水泥并列的三大建材之一。森林提供的林产品丰富多彩，松脂、栲胶、虫蜡、桐油、香料等，都是具有很大经济价值的工业原料。利用这些原料，森林为千百万人提供了就业机会。

其次，森林提供人类需要的食物。在森林里，可以采集到同样味道鲜美、营养丰富的水果、坚果、根茎、块茎、菌类等。在泰国一些林业地区，60% 的食物取自森林。同时，生活在森林中的动物也给人类提供了大量的肉食和动物蛋白。

森林还能提供丰富的药材资源。我国和印度使用药用植物已有 5000 年的历史，著名的中草药主要以植物为原料。今天，世界上大多数的药材依然要从森林中去获取。即使是西药也离不开药用植物，西药中有 1/4 药品

龙血树主要分布于亚洲和非洲的热带与亚热带地区，其生长缓慢且耐干旱，汁液可入药，主治跌打损伤和淤血（摄影：史佑海）。

的活性配料来自药用植物，这些药用植物的祖源地或现居地也是森林。

必须指出，在日常生活中，生态价值和经济价值有时是冲突的。长期以来，人们只是认识到了森林的经济价值，而没有认识到森林的生态价值。

印度加尔各答农业大学达斯教授进行了一个有趣的测算：一棵正常生长 50 年的树，按市场上的木材价值计算，最多值 300 多美元，但它每年创造的生态价值高达 20 多万美元。这还没有将它活到 100 年甚至更长时间大幅度所产生的生态价值考虑进去。

其实，树木的美学价值也可以作为生态价值的组成部分。一棵树可以带来清爽的时光；美化几代人的记忆；它可以入画，绘成一幅不朽的艺术作品；可以入诗，倾诉一个震撼心灵的故事；成片的树木构成了人类美丽家园的重要组成部分。一棵树的价值是不能被货币数字所量化的。

随着科学的发展，人们逐渐认识到，森林作为生物圈中最重要的生态系统，具有的生态效益远远超过其经济效益。多数情况下，长在山上的树比砍倒的树能够生产更多的生态价值。而森林的这些生态价值所产生的经济贡献甚至超过直接的林产物质财富。据我国科学家研究，中国森林生态系统在涵养水源、保育土壤、固碳释氧、积累营养物质、净化大气环境与生物多样性保护这 6 项生态服务功能方面，总价值换算为经济价值达每年 10 万亿元，相当于 2009 年我国 GDP 的近 1/3。只是由于森林生态产品及价值广泛而间接，不像物质的林产品财富那样能够直接拿到手里，以至于短视的人们宁愿砍树取财，当然也因为政策和法规的缺失，使人们还没有认识到发挥森林的生态功能能给人们带来更多的好处。

第二节　草　原

一、什么是草原

敕勒川，
阴山下。
天似穹庐，
笼盖四野。
天苍苍，
野茫茫，
风吹草低见牛羊。
——这是游牧民族对寥廓草原的真实写照。

从现代生态学的角度看，草原是一种植被类型，通常分布在年降水量200 ~ 300毫米的栗钙土、黑钙土地区，是由旱生或中旱生草本植物组成的草本植物群落。草原与森林一样，是地球上最重要的陆地生态系统之一。

草原是独特气候条件的产物。这种气候条件就是干旱半干旱。纵观世界草原，它们在气候坐标轴上占据固定的位置，并与其他生态系统保持特定的联系。也就是说，草原处于湿润的森林区与干旱的荒漠区之间。靠近森林一侧，气候半湿润，百草繁茂；靠近荒漠一侧，雨量减少，气候干燥，

新疆那拉提草原位于新疆维吾尔自治区新源县东部，即新源县那拉提镇境内。那拉提意为“最先见到太阳的地方”。那拉提草原地处楚鲁特山北坡，发育于第3纪古洪积层上的中山地草场，东南接那拉提高岭，势如屏障。西北沿巩乃斯河上游谷地断落，地势大面积倾斜，山泉密布，溪流纵横。那拉提草原不仅与荒漠对峙，而且与雪峰对峙，地势跌宕起伏，气象万千（摄影：温晋）。

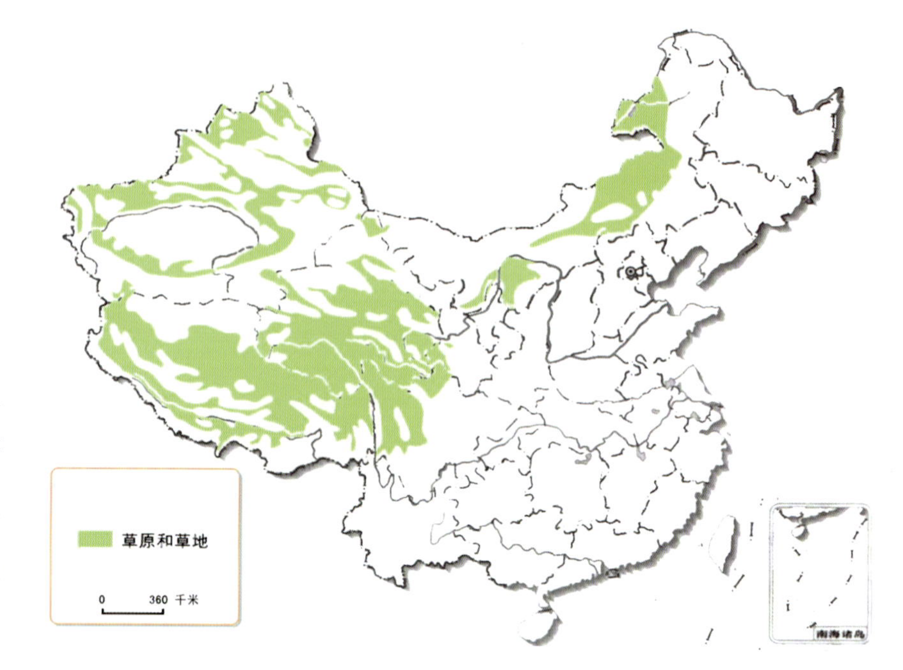

中国草原分布图。一般认为，我国草原可以划分为五大区：东北草原区、蒙宁甘草原区、新疆草原区、青藏草原区和南方草山草坡区。

草群低矮稀疏，种类简单。在两者之间则是辽阔的典型草原。

草原分为热带草原和温带草原等多种类型。前者分布在热带、亚热带，其特点是在高大禾草（往往有 2 ～ 3 米高）的背景上常散生一些不高的乔木，所以被称为稀树草原。后者分布在南北两半球的中纬度地带，如欧亚大陆草原、北美大陆草原和南美草原等，由于低温少雨，草较低，高度往往不超过 1 米。

世界草原总面积大约 2.4×10^{7} 平方千米，占了陆地总面积的 1/6。我国也是世界上草原资源最丰富的国家之一，草原总面积近 4 亿公顷，占全国土地总面积的 40%。如果从我国的东北到西南划一条斜线，可以把我国分为两大地理区：东南部分是丘陵平原区，气候温湿，大部分为农业区；西北部分多为高山峻岭，气候干旱，是主要的草原区。

二、草原的生态特征

草原气候各不相同。一般而言，热带草原的年均降水量为 500 ～ 1500 毫米，年均气温约 15 ～ 35℃。干季可持续 8 个月，只有湿季才会降水多于蒸发。温带草原比热带草原干燥一些，年均降水量一般都在 250 ～ 450 毫米，一年中大部分时间比较冷，温度变化可达 40℃。

受草原常见的这种干燥的气候所影响，总体情况看，草原生态系统的物种多样性远不如森林生态系统。草原上的植物以草本植物为主，有的草原上有少量的灌木丛。由于降水稀少，乔木则非常少见。这些草本植物，有一年生的，也有多年生的。在多年生植物中，尤以禾本科植物占优势，其数量可以占草原总面积的 25% ~ 50%，在特别茂盛的地方可以占 60% ~ 90% 以上。除了禾本科植物外，莎草科、豆科、菊科等植物也占有相当大的比重。灌木丛有的会相连成片，其中许多种类都是牛羊爱吃的食物。

由于草原植物生长在半干旱和半湿润地区，为了适应这种严酷的环境，大多数植物的旱生结构比较明显，如叶子较小，叶面内卷，根系发达。在草原的生物量中，地下部分往往大于地上部分。气候越干旱，地下部分生物量越大。

草原植物的生长发育状态受雨水的影响很大，基本上是雨季才会达到生长旺盛期。因此草原的“季相”特征比较明显。

草原动物区系很丰富，有大型哺乳类动物，如长颈鹿、羚牛、狮、虎等，还有众多的啮齿类和鸟类，以及丰富的土壤动物与微生物。由于缺水，在草原生态系统中，两栖类和水生动物非常少见。

草原生态系统对光能的利用率不如森林生态系统高，通常为 0.1% ~ 1.4%。加上普遍缺水的缘故，草原的生产力不是很高。一般来讲，草原的初级生产力在所有陆地生态系统中，属于中等偏下水平。初级生产量通过食物链转入草食动物和肉食动物的转化率只有 1% ~ 20%。以牛为例，一头牛通过觅食所采集的能量，其中有 48% 因维持正常生理活动而消耗掉，43% 的能量以粪便形式排出，只有 9% 用于躯体组织的建造。相对而言，热带草原的生产力高于温带草原的生产力。

尽管草原的生产力相对不高，但由于面积较大，草原依然是最重要的天然牧场，是畜牧业的重要生产基地。在我国广阔的草原上，饲养着大量

生长在非洲草原上的长颈鹿，是世界上现存最高的陆生动物。

的牲畜。这些牲畜能为我们提供宝贵的肉、奶和毛皮。由于长期的过度开垦和过度放牧等原因，我国草原的沙化、退化现象较为严重。合理利用和保护草原资源，依然是摆在我们面前的重要课题。

三、草原的生态价值

草原占据着地球上森林与荒漠、冰原之间的广阔中间地带，其自身有着独特的生态特征，对于全球生态平衡也发挥着独特的作用。

首先，草原是生命重要的支持系统。

前面说过，草原是重要的畜牧业基地，可为人类的生存和发展提供必要的生产和生活资料。例如，食物、燃料、药材、纤维、皮毛，都是人类生命活动必不可少之物。同时，草原的植物和微生物在生长过程中，具有重要的分解作用。它们能够吸收环境中的有机物和无机化合物，并把它们吸收、分解或者排出；动物则通过采食活动，对活的或死的有机物进行消化分解。因此，草原在维持生物物质的循环和生物多样性方面起着重要作用。而且，草原上的各种生命形式，包括所有植物、动物和微生物物种，也是最宝贵的基因库。

其次，草原是生态环境的重要保障，其功能性的生态产品具有较大的生态价值。

草原的草本植物由于生活在半干燥的地区，因此根系发达，能深深植入土中，牢牢将土壤固定，同样能防止水土流失，并涵养水源。研究表明，草原比裸地的含水量高 20% 以上。在大雨状态下，草原可减少地表径流量 47% ～ 60%，减少泥土冲刷量 75%。由于草原处于森林和荒漠的中间地带，草原植被可以抵御沙尘暴，起到防风和固沙的作用，因此它是防止荒漠扩大的重要屏障。

再次，草原是地球气候的调节杠杆。

草原对局部气候和地球大气候都具有调节功能。草原植物的光合作用消耗大量光热，可以明显降低地表温度。草原植被覆盖也减少表层土壤水分的蒸发，提高草原空间的湿度。草原还有巨大的碳汇作用，吸收空气中的二氧化碳，使之固定在非气体状态，减少空气中的二氧化碳比例。草原上还有着未被沙化的土壤层，千万年来沉积了大量的有机物质，这些物质也可以存储大量的碳，其储碳量一般是植被层的 15 ～ 20 倍。因此，草原在应对气候变化中的作用巨大。草原植物在吸收二氧化碳的同时，还释放出氧气，改善空气质量。

草原植物还能吸收大气中的某些有害气体。据研究，很多草本植物能把有毒的硝酸盐氧化成有用的盐类，能把氨、硫化氢合成为蛋白质。许多草本植物甚至能吸收空气中的某些重金属气体，如汞蒸气、铅蒸气等有害气体，从而起到改善环境、净化空气的作用。此外，草原还具有减缓噪声、

由于面积广袤、物种丰富，草原在生态环境改善方面扮演着极其重要的角色（摄影：温晋）。

释放负氧离子、吸附粉尘的作用。

草原也是生态旅游的魅力空间。一片辽阔的绿色草原，会使游人视野开阔，心旷神怡。让厌倦城市生活的人们亲近广袤自然，抒放胸怀，改善精神状态。草原上的丰富植物和动物，以及游牧民族的传统文化和风土人情，已成为现代生态旅游的特色产品。因此，草原生态系统能为人类提供旅游休闲不可估量的生态服务，具有不可替代的生态经济价值。

第三节 荒 漠

一、什么是荒漠

大致而言，人们把气候干燥，降水量极少，植被严重缺乏，地貌荒凉的广大地理空间，称之为荒漠。

世界上的荒漠多种多样。概而言之，荒漠可分为岩漠、砾漠、沙漠、泥漠、盐漠等多种类型。在高山的上部和高纬度地带，由于气温低而导致植被稀薄的特类荒漠，称之为“寒漠”。

荒漠大多分布在亚热带和温带干旱地区，主要处于南北纬 15° ～ 50° 之间。其中，15° ～ 35° 之间为副热带，是由高气压带引起的荒漠带；北纬 35° ～ 50° 之间为温带、暖温带，是大陆内部的荒漠区。

闻名遐迩的撒哈拉沙漠约形成于250万年前，是世界第一大荒漠，其总面积约容得下整个美国本土。

荒漠也是重要的生态系统类型。荒漠的特点是年降水量一般在250毫米以下，甚至无雨；地表干燥，无植被的裸露面积比例较大；风沙活动频繁，极易形成扬沙飞尘。在这样严酷的自然条件下，只有少量的矮株小叶或无叶的耐旱植物才能存活。因此，荒漠的明显特征就是空旷荒凉。

当然，荒漠中从外面流入的来水较多的区域，也会出现绿洲。例如，沙漠中的季节河两岸和终结点上的潴水湖周边相邻地区，就会形成绿洲。在中国的塔克拉玛干沙漠和西北干旱区其他大漠中，都可以看到这样的绿洲。

荒漠中最引人注目的类型是沙漠。沙漠地区年降水量大多低于200毫米，乃至多年没有降雨记录的沙漠区域也存在。极度干旱使得沙漠是所有荒漠中植被最为稀少的类型。沙漠的地表有大片沙丘覆盖，明沙耀眼，甚至常有沙暴形成。流沙随风滚动，哪怕是最为耐旱的植物在流沙中都难以扎根生存。

大小不等的沙漠遍布世界各大洲，其面积加在一起，约占地球陆地面积的1/4，涉及100多个国家和地区。并在不断扩大。目前，全球每年有600万公顷的土地变为荒漠。

中国属于世界上荒漠化面积最大、分布最广、受荒漠化危害最严重的国家之一。据国家林业局2011年发布的《第四次中国荒漠化和沙化状况公报》，截至2009年年底，我国荒漠化土地面积为262.37万平方千米，占

中国荒漠化土地分布现状

非洲、亚洲荒漠分布卫星图

国土面积的27.33%，主要分布在新疆、内蒙古、西藏、甘肃、青海5省(自治区)，这5个省（自治区）的荒漠化土地面积，占了全国荒漠土地总面积的95.48%。

二、荒漠的生态特征

虽然荒漠的典型特征是植被很少，情境荒凉，但它也有自己的生态系统，而且特征十分复杂多样。

荒漠的植物存在状态是普遍稀疏。稀疏度有时在百平方米内仅有1～2种植物。这些稀疏的植物普遍低矮，也在情理之中。大多是极度耐旱的小半灌木、半灌木、灌木和半乔木等。仅有极少数的乔木可以在这里扎根，例如胡杨。荒漠植物大都叶片极小，甚至完全无叶，以便减少水分丧失、抵抗日光的灼热。根系一般既深又广，十分发达。有的植物体内有储水组织，在环境异常恶劣时，靠体内的水分维持生存。如北美洲沙漠的仙人掌，高达15～29米，可储水2吨以上。还有一些植物在雨季或夏季迅速生长发育，到旱季或冬季到来之前，就完成自己的生活周期，用种子、根茎、块茎等挨过严酷的季节。总之，在极度缺水的荒漠里，植物的一切特点，都是为了保持体内的水平衡。

亚欧大陆极旱荒漠中的沙土鼠大约是动物界的耐渴冠军。它一生几乎不需要饮水，能以干种子为生。为了把体内水分消耗降到最低限度，也不需要调节体温。它们晚上出来活动，白天则在洞穴里排出很浓的尿，做一个湿度稍大的环境，来度过炎热干燥的时光。

极旱荒漠里的动物都各自进化出应对缺水环境的独有方式，那些旱漠中的爬行类、啮齿类、鸟类和昆虫们与耐旱植物一样，做到了严酷环境中的适者生存。

生活在北美洲索诺拉沙漠的鹿鼠，在炎热和干燥的夏天，处于休眠状态，代谢率降低，以减少体内水分的流失。

由于荒漠环境严酷，物种不多，因此荒漠的初级生产力很低，能量流动和物质循环规模很小，生态系统结构相对简单。在这种缺食的情况下，荒漠动物不挑食，只要能吃的都吃，而且生长缓慢。

深入了解荒漠植物和动物们的生计艰难，会让人类更加珍惜生态价值，尊重生命。

三、荒漠的生态价值

大自然自身运行中形成的荒漠，那是地球发育过程的作品，与人类无关。但人类活动造成的荒漠，那是环境的人为恶化，人类是要负生态责任的。

荒漠生态系统对人类社会的直接生态贡献貌似很小。但是，荒漠上毕竟还有动植物区系，荒漠独特的气候也是地球气候的一部分。离开荒漠气候，也许地球的气候就不是现在这个样子。总之，荒漠本身是一个生态系统。作为生态系统，荒漠自有它独特的生态价值。

首先，荒漠在物种多样性方面有着重要的生态意义。前面已说过，荒漠上虽然生物数量稀少，但生物多样性却很高。特别是，荒漠上严酷的生存环境，造就了独特的生物物种，形成了荒漠物种独有的生理特征和生存模式，这些物种在地球其他生态系统中是无法找到的。因此，荒漠生态系统也是一个重要的基因库。

在人类逐渐走出地球、走向太空的时代，荒漠的独特基因库，也许对于我们探索外星生命有着意想不到的参考价值。

其次，荒漠植被具有防风固沙、土壤保育的作用。荒漠植被可以降低风沙流动，可以固定土壤，从而减少荒漠对农业、工业和交通等方面造成的风沙损害。

乌兰布和沙漠经过治理，沙障网格固定了流动的沙丘。这说明通过人工造林种草，沙漠的蔓延速度是可以被人类抑制的。

荒漠生态系统的土壤保育价值还表现在沙尘化学循环对全球环境增益方面。从全球来看，从荒漠中吹走的沙尘会影响海洋浮游生物的净初级生产力、区域降水以及酸雨发生频率等。

荒漠生态系统还具有一定的固碳释氧作用，影响全球气候。作为地球上独特的地理地貌，荒漠也有一定的生态旅游功能。

第四节　湿　地

很多人都会有过这样的经历：在阳光明媚、清风徐徐的日子，驾着小船荡漾在清波之上，明丽的水面让你心静如水。抬眼瞭望，水和天一样蓝，云像风一样轻。鱼儿在水中自由自在嬉戏，天空中有洁白的鸥鸟飞过。这鱼跃鸢飞的美景，会孵化许多想象。

这种自然环境的诗情画意之美，就是湿地孕育的。

一、什么是湿地

湿地与森林、海洋是地球上最主要的自然生态系统，具有极为重要的生态价值，如涵养水源，净化水质，蓄集洪水，调节径流，消解污染物，调节水热平衡，改善气候，供养繁育生物，保持生物多样性等。这些都是湿地的生态产品，对保持生态平衡发挥着至关重要的作用。湿地因这些天赋而被称为“地球之肾”和“生命摇篮”。

关于湿地的定义，在不同的国家和地区也不尽相同，我国采用的湿地

浙江西溪湿地。从天空俯瞰下去，湿地范围内一片勃勃生机，同时，也为当地经济发展注入蓬勃动力。

京杭大运河全长 1794 千米，是中国古代重要的一条南北水上干线，作为一种生态资源，它还承载了中国厚重的历史传承。数千年来，“岸芷汀兰”的壮美，“渔歌唱晚”的和谐，“沙鸥翔集”的繁盛，伴随云蒸雾绕的流水一同繁衍到了今天。

概念源于《拉姆萨尔湿地公约》，这个国际湿地公约中把所有的天然、人工、长久或暂时性的沼泽地，泥炭地或水域地带，以及静止或流动的淡水、半咸水、咸水体，包括低潮时水深不超过 6 米的水域都统称为湿地。

天然湿地的形成是多种多样的。大多数湿地出现在河流出海口，或河流经过的沿岸。宽广的出海口因为长年淤积而产生泥滩，又因为潮汐涨退的缘故，会形成滩地。在河口海岸生长的红树林具有阻挡泥沙的功能，所以也会造成湿地生态。在平原及高山上，同样会因为这种不同因素的积水现象，孕育出各种湿地。位于山东省境内的黄河三角洲湿地是当今世界上暖温带保存最完整、最年轻的河口湿地生态系统。由于受到海水的顶托，黄河水流的速度到此减慢，大量泥沙得以在这里淤积沉淀，年复一年，最终形成了闻名于世的黄河口湿地。

二、湿地与人类文明

湿地是地球上具有多功能和高价值的独特生态系统，具有极为丰富的生物质生产能力，为人类提供水和食物，以及大量生产原料，因而世界上的许多湿地都为古人类提供了可靠的栖息地，成为孕育人类古老文明的“摇篮”。墨西哥湾孕育了玛雅文明，爱琴海孕育了古希腊文明，台伯河孕育了古罗马文明，多瑙河孕育了拜占庭文明，红海孕育了阿拉伯文明。这些文明都是傍依河流、海滨、湖泊、沼泽发展起来的。

正如古埃及文明由尼罗河湿地哺育一样，巴比伦、印度文明也是河流湿地哺育的结果。华夏文明也是在长江、黄河等流域的湿地间孕育而成的。

从太空看印度的恒河三角洲。这里供养着超过3亿的人口，是世界上人口最稠密的大河流域。

河流两岸肥沃的土地和充足的水源为发展农牧业提供了水湿条件，依据这些天造地设的湿地环境和资源，先民创造了灿烂的文明。

三、湿地的生态功能

湿地具有强大的物质生产功能，蕴藏了丰富的动植物资源。湿地覆盖地球表面仅为6%，却蕴藏着地球上40%的已知物种。湿地是重要的生物遗传基因库，具有极为丰富的生物多样性。

自然湿地中复杂多样的生境，为野生动物，尤其是一些珍稀或濒危野生动物提供了良好的栖息地。适宜的气候让湿地成为动物们繁殖、栖息、迁徙、越冬的场所。

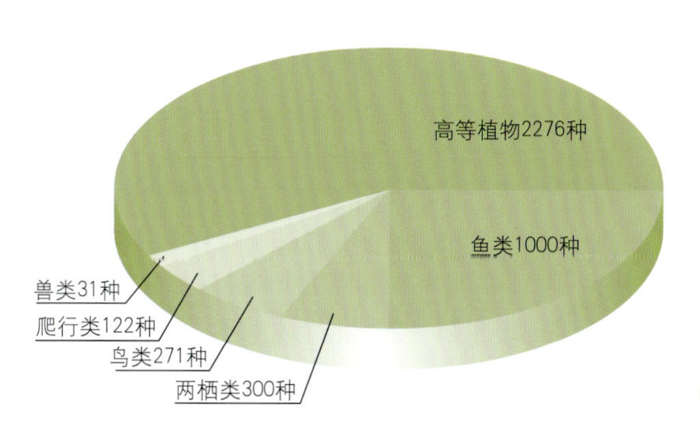

我国湿地动植物种类数据图

丹顶鹤的故乡——黑龙江扎龙国家级自然保护区。区内湖泊星罗棋布，河道纵横，水质清纯、苇草肥美，沼泽湿地生态保持良好，是鸟类和水禽的“天然乐园”。

水鸟是湿地野生动物中最具代表性的类群。水草丛生的沼泽环境，为各种鸟类提供了丰富的食物来源和营巢、避敌的良好条件。在全世界15种鹤类中，中国湿地有记录的就有9种。

湿地水体中鱼类资源最为丰富，这是因为湿地水温适中，光照条件好，水生生物资源丰富，为鱼类提供了丰富的饵料。因此，渔业在大多数发展中国家的地位仍然重要，有时甚至是农村人口获得动物蛋白质的首要来源。

湿地中植物资源也极为丰富。湿地植物除了能够直接给人类提供工业原料、食物、观赏花卉、药材等，还在湿地生态系统中发挥关键作用。

湿地能够分解、净化环境物，起到“排毒”、“解毒”的作用，因此被喻为“地球之肾”。在湿地中，当含有毒物和杂质（农药、生活污秽和工业排放物）的流水经过湿地时，流速减慢，其中的微生物和动物群落有很强的净污功能。微生物是对污染物起吸收与降解作用的主要生物群体。甲烷菌能将碳酸盐转变成甲烷，真菌通过与水生植物根表形成菌根吸收养分。除此之外，微生物还给水生动物提供食物，将捕获的成分分解，并与其他动物、植物共生利用。河流中的一些底栖动物也具有利用和降解污染物的功能。

湿地植物根系直接从水体中吸收养分与元素，并对悬浮颗粒产生过滤与吸附作用。1公顷芦苇每年能吸收200～2500千克纯氮，30～50千克纯磷。藻类在生长过程中，将营养元素贮藏和转移在体内，对河流净化同样起着举足轻重的作用。植物还为微生物活动提供巨大的物理表面，菖蒲、芦苇、灯心草等根系分泌物还能杀死污水中的大肠杆菌等病原菌。

湿地中有相当一部分的水生植物具有很强的清除毒物的能力，可吸收污水中浓度很高的重金属镉、铜、锌等。

据测定，地处半干旱地区的新疆博斯腾湖湿地周围比远离湿地的地域气温要低 3℃，湿度高 14%，沙尘暴天数减少 25%。

湿地中发生的这些复杂的物理和化学变化，使有毒物质被沉淀和降解。特别是沼泽湿地，因其土壤性质的关系，其过滤器的作用更显得极为出色。据粗略估计，河宽 50 米、沙滩宽 1 千米、长约 10 千米、健康的天然河流，其具备的水净化能力相当于投资 5000 万元人民币建设的污水处理厂。

地球变暖的主要原因是二氧化碳、甲烷等温室气体的排放增加，减少温室气体的排放，是减缓地球变暖的重要手段。在湿地中，植物生长、促淤造陆等生态过程中积累了大量的无机碳和有机碳。而在湿地环境中，微生物活动弱，土壤吸收和释放二氧化碳十分缓慢，这就形成了富含有机质的湿地土壤和泥炭层，泥炭层可以起到固定碳的作用。为此，我们说，湿地对温室气体起到了很好的管理作用。

全世界约有 15 亿～30 亿人依靠地下水提供饮用水，40% 的工业用水和 20% 的灌溉用水也来自于地下水。图为中国最大的淡水湖泊湿地——鄱阳湖湿地。

此外，湿地的水分蒸发和植被叶面的水分蒸腾，使得湿地和大气之间不断地进行着能量和物质交换，从而保持当地的湿度和降水量。因此，湿地在增加局部地区空气湿度、削弱风速、缩小昼夜温差、降低大气含尘量等气候调节方面，都具有明显的作用。

湿地能贮存大量水分，是巨大的生物蓄水库。水资源是湿地生态系统最直接的产出，供给人类利用的可再生淡水。特别是沼泽湿地，因其具有特殊的土壤水文物理性质，使它能保持大于其土壤本身重量 3 ~ 9 倍甚至更高的蓄水量，能在短时间内蓄积洪水，然后用较长的时间将水排出。同时还可以充实地下水层的含水量。从古至今，乃至可以预见的未来，湿地都是人类水资源的重要取用地。

此外，湿地植物可减缓洪水流速，避免所有洪水在短期内下泄，所以，每当湿地遇到洪水，一部分洪水可在数天、几星期甚至几个月的时间内从水储存地排放出来，一部分则在流动过程中蒸发或下渗成地下水。

第五节　海　洋

如今，从太空远望地球，已经是一个熟悉的视角。从这个视角观赏地球的主色调是大片幽蓝。这便是大面积海洋所形成的色彩。点缀其间的深色斑块是陆地。海洋覆盖着地球的大部分表面，因而它也就对地球生态发挥着举足轻重的作用。

一、海洋的基本构成与海洋生态系统

海洋，是地球上最广阔的咸水水体，其中心部分叫做洋，边缘部分叫做海，彼此沟通，组成统一的水体，这就是海洋。

海洋面积有 3.6 亿平方千米，约占地球表面的 71%。它蓄积了地球上 97.5% 的水，而可用于人类饮用的淡水只占 2%。海洋的平均深度为 2750 米，最深处在太平洋的海槽，约为 11000 米。

海洋水体、海床和底土，海面上方的大气以及海洋中的生物，共同构成了一个巨大的海洋生态系统。

从生态系统角度，可以把海洋划分为不同的生态区域。

海岸带：海洋与陆地交界的地带。由于这个地带受潮水涨落的影响，所以又叫做潮汐带。这个地带生活着许多植物，如大叶红藻、海带、昆布、褐带菜，还有以这些植物为食的桡足类动物、滤食碎屑食物的贝类，等等。

浅海带：水深 200 米以内的浅海带，主要是大陆架。世界上的大陆架

从天空俯瞰地球，海洋在所有生态系统中所展现出来的辽阔和雄伟，是其他生态系统难以比拟的。

占海洋总面积的7.5%。大陆架上生物资源非常丰富，有大量的浮游植物如硅藻、褐甲藻和鱼、鳖、虾、蟹等海洋动物。

上涌带：从海洋深处过渡到光亮区的海洋地带。这里也有大量的海洋动植物。

远洋带：占有最大面积和极深海水的广阔水域。远洋带拥有的动物种类极多。它们各自活动于不同的水深层次，直至海底。即便是万米深度的海底，也仍然有生物存在。

海洋生态系统在维持地球生物圈的稳定方面发挥着巨大作用，并且蕴藏着极为丰富的生物资源、自然资源，与人类的生存和发展有着紧密联系。

二、海洋与人类文明

1957年，在我国山东省微山县西城山的汉墓中，出土了一块东汉画像石，在考古界引起了很大震动。在这块画像石上，有一幅鱼、猿、人三者并列的画面，它似乎昭示着一个道理：人由猿而来，而猿由鱼而来！

根据人们最新的研究成果，猿确实是由鱼转变而来的。三四十亿年前，海洋中的蛋白质与核酸分子形成了最初的生命，由此开始了生命的进化过程。到距今大约3.5亿年时，海里出现了一种用肺呼吸的古鱼类，叫做总鳍鱼。沧海桑田，气候变迁，让这种古鱼类开始进化到陆地生活，变成了爬行动物，并逐步演变为猿类，直至人类。

海洋是人类食物的重要来源地。在辽阔的海洋中，蕴藏着非常丰富的海洋生物资源。据调查，地球上有80%的生物资源存在于海洋中，其中单是海洋动植物就有几十万种，至于海洋微生物，其种类更是不计其数。

海洋是重要的生产资料来源地。海底世界拥有种类繁多、价值无穷的

人类的生命来自海洋，人类的文明起源于海洋。海洋的浩瀚壮观、变幻多端、自由傲放、奥秘无穷，都使得人类视海洋为力量与智慧的象征与载体。随着社会经济发展，陆地可供开发资源的减少，世界各海洋大国之间在海洋经济、科技、资源、海权等方面的竞争日益激烈（图片来源：百度）。

矿产资源，其中包括石油、可燃冰、天然气等宝贵能源。据测算，世界石油资源可开采量约3000亿吨，其中海底储量为1300亿吨，海洋石油资源占了全球石油资源总量的1/3强。

海洋能源也是未来人类重要的能源来源。它包括潮汐能、波浪能、海洋温差能、盐梯度能以及洋流能等。据估计，单单海洋潮汐能的总储量就达10亿千瓦·时。

海洋是人类重要的活动舞台。自古以来，海洋就极大地影响着人类文明的进程。郑和下西洋、哥伦布地理大发现，极大地扩大了人类视野，增进了各民族之间的交流和了解。自近代以来，凡是超级大国，必是海洋强国。16世纪的西班牙殖民帝国、17～18世纪的荷兰殖民帝国、18～19世纪的大英帝国、20世纪的美国，都通过强化海洋的控制与利用，实现了自己的强盛。

三、海洋：全球气候“总开关”

海洋是地球气候条件的最重要的决定因素之一。海洋本身就是地球表面最大的储热体。海洋与大气的气体交换对气候有着极大影响。

海洋是吞吐热量的“转换器”。白天或夏天，海水把热量储存起来。到了晚上或冬天，海水又把热量释放出来。这就形成了著名的“海洋性气候”。在海洋性气候条件下，气温的年、日变化都比较平缓。四季湿度都很大，年平均降水量比大陆性气候多。而且季节分配比较均匀。温和、多云、湿润，这样的气候无疑是最适宜人类居住的。所以很多沿海地区就成为人口密集、经济发达的地区。

海洋是地球热量的“传送器”。世界上的海和洋都是相互连通的。由于地球高纬度和低纬度的海水温度不一样，海面和海底的海水温度也不一样，于是海水就会流动。这种流动形成了一个个环，一个个循环往复的闭路，这就是大洋环流。一般情况下，大洋环流在北半球以顺时针方向流动，而在南半球则以逆时针方向流动。大洋环流对全球热量的分布和流动产生了重大影响，甚至对整个大气圈的气温都具有重要的调节作用。暖流对大洋沿岸的气候可以起到增温增湿的作用，寒流对大洋沿岸的气候则起到减温减湿的作用。如果大洋环流发生异常，就会使全球的大气环流发生异常，从而影响到气候。当前气候的变化造成了人们很多的担忧，其中一个巨大的担忧，就是气候变暖改变大洋环流，这将是地球生命的灭顶之灾。

海洋是全球水循环的“控制器”。由于海洋是个巨大水体，它蒸发出的淡水可达到 4.479×10^6 亿吨。这其中，有 90% 以上通过降水返回大洋，其余 10% 先是落到陆地上，然后再经河流回到海洋。由于这一循环，大气中的水分每 10 ~ 15 天就更新一次。这不仅为陆地生态系统补充了大量的淡水，维持了生物圈的水平衡，使地球生命可以生生不息，而且陆地河流的形成，将大量的污泥浊水带入海洋，海洋充当了陆地剩余物、污染物的巨大净化池。

海洋是地球上最大的“碳库”和“氧吧”。海洋通过海水固碳、海洋植物光合作用等机理，可以将大气中的二氧化碳储存起来，免得大气中的二氧化碳过多，造成气候变暖。据科学研究，海洋储存碳的能力是大气的 60

著名的厄尔尼诺现象，其罪魁祸首就是大洋环流的异常。每当厄尔尼诺现象发生时，世界上很多地方都会发生诸如冷夏、暖冬、干旱、暴雨等异常气候。

倍，是陆地生物土壤层的20倍；大约50%人为排放的碳被海洋和陆地吸收。海洋还是地球氧气最大的生产地。海洋植物通过光合作用每年能够产生320亿吨氧气，占全球每年产生氧气总量的70%。这一吞一吐，实现了地球的碳平衡，才让地球成了“我们的”星球，让生物圈生生不息，让人类世代繁衍。

海洋生态产品的“产量”和价值不可估量。

第六节　大　气

一、什么是大气

大气是指包围地球的空气圈。这个空气圈大致有1000多千米厚，自下而上分成5层，依次是对流层、平流层、中间层、暖层和散逸层。对流层是紧贴地面的一层，受地面影响最大。这层空气下热上冷，于是发生对流运动。在对流层的上面，即高于海平面50～55千米这一层，气流运动主要以水平运动为主，所以叫做平流层。平流层上面到高于海平面85千米的一层，是中间层。这一层大气中几乎没有臭氧，太阳紫外线大量穿透这一层，所以，在中间层气温随高度上升而下降得很快，到顶部时已下降到－83℃以下。再往上到高出海平面800千米，是暖层。这一层空气密度很小，气温很高，在300千米高度上可达1000℃以上。暖层顶上的大气统称为散逸层。它是大气的最高层，高度可达3000千米。这一层气温也很高，空气十分稀薄，一些空气分子可以挣脱地球引力，散逸到宇宙空间中去。

大气是多种气体、液体和固体的混合物。液体主要指悬浮状的细小水滴，固体主要是空气中飘浮的细小颗粒杂质。其他部分就是干洁空气。干洁空气的主要成分是氮（约占78.09%）、氧（占20.95%）和氩（占0.93%），三者合计约占空气质量的99.97%。根据大气含量的变化情况，可以把大气分为三部分，即恒定组分、可变组分和不定组分。

恒定组分由氮、氧和氩3种气体加上微量的氖、氦、氪等稀有气体构成。从地表到大约90千米的高度范围内，氮、氧两种组分的比例几乎没有什么变化。可变组分主要指空气中的二氧化碳和水蒸气。正常情况下，二氧化碳的含量为0.02%～0.04%，水蒸气含量一般在4%以下。这些组分的含量，随季节、气象和人类活动的影响而变化。不定组分主要指污染性的成分，如火山爆发、森林火灾等排放的尘埃、硫等，以及人类活动排放的煤烟、粉尘等。

大气中组分是不稳定的，无论是自然灾害还是人为影响，会使大气中出现新的物质，或某种成分的含量过多地超出了自然状态下的平均值，或某种成分含量减少，都会影响生物的正常发育和生长，给人类造成危害（新华社供稿）。

大气圈如同一条毛毯，均匀地包住了整个地球。白天，太阳发出强烈的短波辐射，大气层能让这些短波光通过并到达地球的被照射表面，使地表增温。晚上，地球表面开始向外辐射热量。由于地表温度不高，辐射以长波为主，而此时大气又阻碍长波辐射，所以地表热量丧失不多，地表温度自然也就降得不多。这就是大气的保温作用。

二、气候

大范围内大气物理特征的长期平均状态就是气候。对气候的感觉性描述就是冷、暖、干、湿等特征。

影响气候的主要因素有纬度位置、海陆位置、地形因素、洋流因素等。一般来说，赤道地区日照强烈，降水多，两极附近日照偏少，降水量小；沿海地区降水多，内陆地区降水少；海洋暖流对沿岸地区气候起到增温、增湿的作用；海洋寒流对沿岸地区的气候起到降温、减湿的作用。气候是这些因素综合作用的结果。

我国由于幅员辽阔，跨纬度范围较广，各地区与海洋距离的远近差距很大，加之地势高低不同，因而形成了多种多样的气候。从气候类型上看，我国东部属季风气候（又可分为亚热带季风气候、温带季风气候和热带季风气候）；西北部属温带大陆性气候；青藏高原属高山高原气候。总体上看，我国气候受大陆、大洋的影响非常显著，季风气候明显，夏季高温多雨、冬季寒冷少雨，高温期与多雨期一致。

地球气候类型表

分布区域	气候类型	气候特点
热带	热带雨林气候	全年高温多雨
	热带沙漠气候	终年炎热干燥
	热带疏林草原气候	全年高温，分干、热、湿三季
	热带季风气候	全年高温，分凉、热、雨三季
亚热带	亚热带季风气候	
	亚热带季风性湿润气候	夏季高温多雨，冬季低温少雨
	地中海气候	夏季炎热干燥，冬季温和多雨
温带	温带海洋性气候	冬暖夏凉，年温差小，年降水量季节分布均匀
	温带大陆性气候	降水稀少且集中在夏季，年、日温差大
		冬季寒冷，夏季炎热
	温带季风气候	夏季高温多雨，冬季寒冷干燥
山地	高山高原气候	从山麓到山顶垂直变化，海拔升高气温降低
寒带	极地苔原气候	冬长而严寒，夏短而低温
	极地冰原气候	全年酷寒

三、气候与生态的关系

气候是塑造生态系统的强有力因素。不同的气候下，形成了不同的生态系统，甚至形成了不同的人类文明。

气候是水资源分布状况的决定性因素。气候对于区域降水量有直接影响，而降水量的分布差异与土壤、地貌、地质等多种自然因素相配合，就决定了水资源在地下与地表的存量和去向。

气候对植被和森林有着决定性的影响。光、热、水等提供植物生长发育所需的能量和物质，它们的不同组合能够决定植物的种类、数量和分布。如在我国北方，适宜种植的是承受日照长、喜温凉的作物，在南方，则适宜生长喜欢日照短、热量充足的作物。北方寒冷气候下，到处是针叶林，而在冬季冷而夏季炎热潮湿的地区，则是温带森林一统天下。热带雨林地区，则终年高温、雨量丰沛。

气候对动物区系也有重大影响。一个区域里的野生动物的进化与聚集，很大程度上取决于当地的气候条件。甚至人类驯化养殖的家畜，也按照不同的气候类型分系：在寒冷、缺氧而少雨的青藏高原，最终养殖的是对这种气候条件具有耐受性的藏系家畜；夏季高温多雨而冬季低温的蒙古高原，则畜养适合这种气候的蒙系家畜。海南岛农家的禽畜跟北大荒农家禽畜的不同，也是不同气候条件下的驯化选择。

气候与人类健康的关系也十分密切。周围环境的温度以及与温度有关的湿度、风速等，直接影响着人体的舒适程度。天气太炎热，人容易出现中暑等疾病；天气太寒冷，人容易患感冒、支气管炎、关节炎、心血管病

左：三江源野牦牛。高寒气候养成了其野性和粗壮的身体。其皮毛如同悬挂在身上的蓑衣，可以遮风挡雨、避寒保温。

右：气候变暖导致南极洲西部的岛屿显露。

等。流行疾病一般也与气候和季节变化有关，如痢疾、伤寒、霍乱等常发生于夏季。许多地方性多发病与气候也有关联，如热带肌炎是一种慢性风湿病，经常发生在热带雨林中，但在沙漠地区很少见。

正由于气候是生态系统存在的决定性条件之一，所以气候变化会明显导致生态系统变化。由于生态系统和人类社会已经在较长时期里适应了当时当地的气候，如果大幅度气候变化来得太快，生态系统和人类社会就很难迅速跟进适应。短时间的气候剧烈变化，特别是极端天气事件，如干旱、洪涝、冰雹等，往往会造成严重的自然灾害，甚至给人类以毁灭性的打击。例如，1943 ~ 1954 年孟加拉地区的暴雨灾害，引起了严重的区域性饥荒，饿死人口 300 万 ~ 400 万人。

长期的较大气候变化更会引起生态系统发生本质性改变；同时在人类社会中，影响粮食产量，导致疾病多发，引起生产方式和生活方式的适应性改变，进而使人类文明形态为之改观。目前人类面临的全球变暖问题，已经造成了诸如海平面上升、气候灾害频繁、生物多样性受损等危害，倘若任其发展下去，地球生态系统甚至可能崩溃。

当然，气候影响人类，人类也影响气候。例如，城市人口密度大、工业集中，其气温比周边农村往往高出 0.5 ~ 1.5℃，这就是著名的“热岛效应”。科学家也已证实，人类生产和生活所排放的过多的二氧化碳，引发地球的温室效应，使地球变暖。因此，善待大气，适应和应对气候变化，实现人与大气、人与气候的和谐相处，是确保地球生态系统稳定和人类自身继续生存的内在要求。让我们记住英国大气学家拉伍洛克的一句名言：“地球是活着的！”

Chapter 3

第三章
生物多样性

大自然给生命界确立了一个亘古不灭的法则：
多多益善。
这也就是上天的“好生之德”。
每一类生命都在生命界的丰富多样性中
找到了自己可以活下去的最稳固依靠；
整个生命界也以生物多样性造就了自己的永生。
人类同样在生命界的丰富多样性中立足，
人类再强大也无法摆脱生物多样性而存在。
这个逻辑的逆运算就是：
损害自然界的生物多样性就是掏空人类自己的生存根基。
现在，
生物多样性的价值该如何获得人类的肯定和维护呢？

第一节 生命的物质基础

一、生物多样性是什么

生物多样性是一个舶来词，其英文为 biodiversity，是由 biological (生物的) 和 diversity(多样化) 合成的，20 多年前，大陆学者翻译成当今的词汇。当时，台湾学者翻译成“生物歧元化”，受大陆学者影响，现在他们也不用这个词，也改用“生物多样性”了。

生物多样性指的是地球生物圈中生物种类的繁多，以及所有生物存在的多样化属性和程度。即动物、植物、微生物以及它们所拥有的基因和赖以为继的生存环境多样化，包含三个层次：遗传多样性，物种多样性，生态系统多样性。还有人在此基础上增加了景观多样性、文化多样性，这是对生物多样性含义的延伸。其实，用一句通俗的话来概括生物多样性，就是形形色色的生命及其构成的丰富多彩的生命世界，其核心是物种。

物种是生物多样性最关键的成分，没有物种，生态系统终将崩溃。物种按照基本不变的物种属性繁殖后代，即基因是纵向遗传的，物种的生殖

直到今天，我们依然可以发现新的物种。这种会打喷嚏的塌鼻猴便是近几年科学家在缅甸北部的森林里发现的。

横向之间是相互隔离的。大致而言，相互之间轻易不会“串种”。所以才会“种瓜得瓜，种豆得豆”；老鼠生不出猫来，如此等等。

当今世界，尽管人类取得了重大的科技进步，但是，举全球之财力，聚集全球最聪明的科学家，人类还不能利用无机原子创造出哪怕小小病毒这样一个物种来。人类能够制造一个有生命活力的大分子片段就是了不起的发明了。物种生命是地球亿万年进化的结晶，造化为此花费了太多的代价，这足以构成人类尊重生命的理由。

二、生命的遗传密码

地球上的生命是怎么产生的呢？科学家们通过长期研究发现，地球上的生命是从无到有，从简单到复杂，进化而来的。地球上最原始的物种生命是单一的，受环境塑造的影响，产生适应性分化，出现了不同的种类，占据着不同的生态位。在物种发育中，起关键作用的是一个叫密码子的物质。

一个具体物种为什么能够按照自己的性状，一代代自我复制（并逐渐有所进化）呢？这就是遗传的作用。生物遗传依靠一套“生命密码”。生物体中的遗传密码又称密码子、遗传密码子、三联体密码，它决定肽链上每一个氨基酸和各氨基酸的合成顺序，以及蛋白质合成起始、延伸和终止。遗传密码是一组指令，是将 DNA 或 RNA 序列以三个核苷酸为一组的密码子，转译为蛋白质的氨基酸序列，以用于蛋白质合成。几乎所有的生物都

2013 年 10 月 28 日，第五届国际生命条形码大会在昆明举行。生命条形码是利用标准 DNA 片段对生物物种进行快速鉴定的新技术，由加拿大科学家首先提出，近年来已发展成生命科学和生物技术领域的研究热点（新华社供稿）。

使用同样的遗传密码，称为标准遗传密码。即使是非细胞结构的病毒，也使用标准遗传密码。

一个生物体携带的全套遗传信息，就是基因组，其化学分子是DNA线状分子。每个有遗传功能的单位被称作基因，每个基因均是由一连串单核苷酸组成。能编码蛋白质的基因称为结构基因。结构基因的表达是DNA分子通过转录反应，生成线状核酸RNA分子，RNA分子在翻译系统的作用下翻译成蛋白质。

不同的生命遗传密码差异有多大呢？早先的生物学家以为，真核生物(如植物、动物和人)的基因编码规律与原核生物(如细菌)是一样的，即一个基因只编码一个特定的蛋白质。按这一传统的遗传学模型，生物学家根据人体中蛋白质约有十万个或更多而预测出，人类DNA中的基因约有10万个。而在2000年6月，科学界揭示的数据令人震惊：人类基因总共只不到3万个。更令人困惑的是，比人低等得多的杂草也有2.6万个基因。同时，科学家们还发现，大多数基因都不只编码一个蛋白质，有些基因可以产生许多不同的蛋白质。

人与杂草间的特性、功能等等有那么巨大的差异，而在基因数量上却并没有呈现出数量级的差异，那么一定是有些什么东西错了。从这个发现可以看出，“一个基因只编码一个特定的蛋白质”的理论是错误的。因此，人类不能狂妄地自认为掌握了科学真理，就对形形色色的生命物种实施基因手术，而必须好好保护生物多样性。任何一个物种的消失，都是地球的重大损失，是人类的重大损失。倾力保护生物多样性是爱护自然、珍视生态、尊重生命的最重要体现。

第二节　人类生存的必要条件

一、多样性生物为人类带来食物和药物

人类要想生存，就必须有生活所需物质资料的供给。但人类不能“无中生有”，必须利用大地上已有的东西作为原材料，才能够加工成自己生活所适用的生活资料。恰好人类的本原构造决定了，他不能吃土吃石头活着，而必须以某些植物或动物作为自己的食物来源。因此，人类的食物链只能够建立在生物多样性上，利用别的物种，加工成为自己的食物。原始时代，人类到野地里采集和狩猎，以获取食物。随着文明逐渐进化，可以种植农作物或养殖禽畜等来获取食物，制造衣物等生活资料。农作物及禽畜等都属于生物资源。

自然孕育万物，人类则依靠万物而生存。图中的山药是一种营养和药用价值都很高的植物（摄影：温晋）。

时至今日，大约80%的世界人口仍主要依赖从植物中获得各种药材；在亚马孙河流域，有2000多种动植物被作为药用；在中国，能够入药的物种达5000多种。现代中国的很多人宁愿以生物资源为主的中草药来治疗疾病。

所有这一切例证说明，即使是高度工业化时代的人类也必须时刻记住，人类过去、现在和今后，都必须依靠生物资源及其多样性而存在并延续。人类的生产加工能力再强，其食物链的源点依然而且只能是大地上的生物多样性。没有了其他物种为人类制造氧气、食物、衣物、药物、建筑材料等，人类是难以生存的。没有了丰富多样的生物资源，人类不可能在地球上生存。

地球生物多样性消失的那一天，就将是人类彻底灭亡的那一刻。

中国有数千年的农业历史，中国栽培植物和家养动物的丰富度在全世界是无与伦比的。我国有经济树种1000种以上；中国是水稻的原产地之一，有地方品种50000个；中国还是大豆的故乡，有地方品种20000个；有药用植物11000多种，等等。这一切都是中华大地上丰富的自然生物多样性所赐。中国传统种养业的极大丰富，源于幅员辽阔的中国大地上蕴藏着生物多样性的雄厚资源。

极为丰富的生物多样性为人类提供的生产生活资源是不胜枚举的。

生物资源的丰富和永续利用就依赖于生物多样性。有的生物已被人们作为资源直接利用。更多的生物，人们尚未知其利用价值，是潜在的生物资源。

生物多样性的潜在价值往往引不起人们的重视。一般人们利用生物资源时，没有经过市场流通而直接取用，因此常会忽视生物多样性的巨大开发利用价值。在世界各国的经济活动中，生物多样性开发与利用，均占有十分重要的地位。

生物资源和非生物资源的不同之处在于，它是一种可再生的自然资源，如果进行合理开发，能够可持续利用。这是因为，生物合成作用是利用光能或储存在大分子中的光能驱动的，只要有阳光照射，这些合成作用就一直在发生着。这也启示着当今的人们，生物资源多样性的保护、研究和开发利用，一定是前景最大、收益最多的可持续产业。

二、多样性的植物制造了氧气

初到青藏高原的人都有一个共同的感觉，那就是呼吸困难，严重的时候需要住院吸氧。这个现象在医学上被称为高原反应。

为什么会出现高原反应呢？因为海拔升高后，氧气浓度下降了。平时生活在平原或低海拔地区的人，一到了高原低氧环境，就表现为身体不适。然而，同在青藏高原，为什么有人在海拔4000米左右的林芝地区感觉不到高原反应，反而在3700米的拉萨会感到高原反应呢？这就是绿色植物所起的作用。在林芝分布的是森林或浓密的高山灌丛，而拉萨周边则只能生长高寒草甸的稀疏植被。前者光合放氧的能力远大于后者。海拔相对较高的林芝也就比较低的拉萨更少出现高原反应。

氧是地壳中最丰富的、分布最广的元素，它在地壳中的含量为48.6%。单质氧在大气中占21%，氧元素在水中占88.8%，在人体中占65%。大气

红豆杉是世界上公认的濒临灭绝的天然珍稀抗癌植物，在地球上已有250万年的历史，它可以24小时释放氧气（摄影：刘仁林）。

中全部氧气的含量约有 1.2×10^{15} 吨，按体积计算，空气中的氧气含量比二氧化碳高得多。地球大气中氧气的出现与生物的进化紧密地联系在一起。在地球早期的历史中，大气中氧气的含量很低。现今大气中的氧气几乎来源于植物的光合作用。大气中的氧气浓度随着地球植被的增加而增长；当然也会随着植被剧减而降低。

大气中氧气虽不断地用于动物的呼吸、燃烧及其他氧化过程，但由于植物的光合作用能够把二氧化碳转变成氧气，就使大气中氧气的浓度几乎保持不变。但随着海拔高度的升高，氧气就越来越稀薄，海拔 4000~5000 米的大气氧气浓度约为海平面附近的 2/3。正是不断有植物通过光合作用产生氧气，才保证了人类的正常呼吸和生存。当大气中的氧气浓度低到人类及其他动物都难以承受的时候，比温室效应更加严重的环境灾难就降临了。人类仅仅为了自己“正常喘气”，都不应该祸害绿色植物。或者说，每一个想要自己“正常喘气”的人，都不应该祸害绿色植物。

三、生物多样性对生态保护的影响

许多地方的人们发现，当山上和原野的森林被砍伐后，乡村和城镇就容易遭遇洪水，且洪水来得凶猛、快速；当海滨的红树林被毁之后，海潮甚至海啸就更加凶猛。这是因为山野上的森林和海滨的红树林都是良好的水患缓冲区。当它们被砍伐，这个缓冲区就不复存在了。2004 年底，印度洋大海啸造成近 30 万人死亡。迄今回忆起来，仍令人毛骨悚然。然而，

中国东南沿海台风盛行。2003 年第七号台风“伊布都”登陆时，浪高达三四米，在 330 多公顷红树林的保护下，广东省恩平市横陂镇的 10 千米海堤安然无恙。

印度南部的泰米尔纳德省的沿海村民，却因红树林很幸运地躲过了海啸袭击。成片的红树林没有被排山倒海之势的海浪摧垮，它们顽强地拦截海啸，护岸固堤。那些离海岸仅有几十米的村落，由于红树林的保护而死里逃生。

这些鲜活的例证表明了以林木为代表的落地生根的多样植物，是生态卫士。

多种多样的草和树木以自己的广泛适应性，在地球上顽强生长，防止水土流失，抗击洪水冲击，抵御风暴吹打，坚定地保护着环境。

生物圈中的微生物和食腐动物以分解和消化的方式，将死亡的尸体还原给大气或土壤，净化着环境，为其他生命的存在提供保护。没有它们，地球上不同历史时期死亡的人类和动物尸体将不能腐烂分解，传染病将大规模流行。生物多样性发挥的生态保护功能，是非常重要的。

多种多样的生命，有生产的，有消费的，还有负责还原清洁的。而且这个过程无限再循环。在这个过程中，物质和能量被循环利用，循环把浪费降到最低限度。这是大自然自己创造的循环经济模式。

生物多样性对外来侵害具有自我保护作用；对一定程度的破坏也具有自我修复能力。对于一些外来污染，只要没有超过一定的环境容量，生物多样性也能够降解掉。这本身就对环境具有很强的保护作用。

当前人类大肆向大自然索取，对生物多样性是重大威胁。更严重的是，人类还制造了大量不能降解的化学物质，甚至将重金属从岩石中分离出来，并随意散布于环境中，这是生物多样性难以消化的，甚至会直接毒杀生物。这种做法对生物多样性是毁灭性的。

第三节　我们的永恒财富

我们这个蓝色星球上的生命维持在一层覆盖地表的薄薄的、不规则的生物圈内，这层生物圈平均只有几千米厚。在这个广阔的范围内，最活跃的是生物，它们平衡和调节着地球上的气候。在这里，土壤肥力得到更新，营养周而复始地循环，植物不断地培植繁育。生物物种与自己的生存环境组成了各种各样的生态系统。在每种生态系统中，包括人类在内的各种动物生存并形成群落，彼此相互作用，同时也与周围的空气、水和土壤相互作用。正是各种生命形式的存在、各种生命形式之间的彼此相互作用，以及同外界环境之间的相互作用，才使得地球成为适合人类生存的地方。生物多样性成为人类存在与人类幸福的根本保障。各种物种在不同的生态位上，各司其职，为维护生态平衡做着自己的贡献。地球上所有的物种共同维护着生命的大家园，人类是这个大家庭的普通一员。

当人类科学理性地对生物多样性的意义认识到这种程度的时候，全世界对于生物多样性的重视程度也就日益提高。

1988 年 11 月，联合国环境规划署召开生物多样性特设专家工作组会议，探讨在国际社会缔结一项生物多样性公约的必要性。1989 年 5 月，技术和法律特设专家工作组组建，开始着手拟订保护和可持续利用生物多样性的国际法律文书。在相应准备工作完成后，1992 年 5 月的内罗毕会议通过了《生物多样性公约协议文本》(以下简称《公约》)。1992 年 6 月 5 日,《公约》于联合国环境与发展大会期间开放签字，并于 1993 年 12 月 29 日生效。

缔约国第一次会议于 1994 年 11 月在巴哈马召开，会议建议 12 月 29 日即《公约》生效的日子为“国际生物多样性日”。2001 年 5 月 17 日，根据第 55 届联合国大会第 201 号决议，国际生物多样性日改为每年 5 月 22 日。

联合国环境规划署一直致力于从各方面采取必要措施，以期确保国际生物多样性日活动的连续性和实效性。

2010 年 5 月 20 日，联合国秘书长潘基文在“生物多样性国际日”到来前夕发表致词指出，地球上的物种和生态环境及其所提供的资源和服务，是人类财富、健康与福祉的基础。然而，尽管全球一再承诺保护这一遗产，地球生物种类仍在以前所未有的速度减少。生物多样性的丧失不断把各种生态系统逼向那个使它们从此再也无法发挥维生功能的转折点。各地社区都将饱尝恶果，最贫困和最脆弱的国家受害最深。

2002 年在约翰内斯堡召开的可持续发展世界首脑会议上，各国领导人确定了一个共同目标：“到 2010 年，在全球、区域和国家各级，大幅降低

1992 年 6 月，联合国环境与发展大会首脑会议在巴西里约热内卢召开(新华社供稿)。

2013 年 5 月 22 日是国际生物多样性日，长白山保护开发区的工作人员将鱼苗投入水中，以维护水域内的生物多样性（新华社供稿）。

目前生物多样性丧失的速度，促进减贫，造福地球所有生物”。然而，《生物多样性公约》秘书处 2010 年 5 月 10 日发布的一份报告指出，这一目标并未实现。直接造成生物多样性丧失的五大主要压力，即生态环境变化、过度开发、污染、外来物种入侵和气候变化，要么继续存在，要么在不断加剧。

2010 年“生物多样性国际日”的主题是“生物多样性促进发展和减缓贫穷”。潘基文表示，世界上 70% 的贫困人口都生活在农村，其日常生计和收入直接依赖生物多样性。潘基文呼吁各方认真思考生物多样性衰减的根源，并采取行动制止这种衰减。他强调，生物多样性就是人类的生命，现在必须采取行动维护生物多样性，以免为时过晚。

也是在 2010 年，中国国务院审议通过了《中国生物多样性保护战略与行动计划 (2011 ～ 2030 年)》。2011 年，中国成立了有 25 个部门参加的“中国生物多样性保护国家委员会”，李克强担任国家委员会的主席。2012 年，李克强主持召开国家委员会第一次会议，审议通过了“联合国生物多样性十年中国行动方案”，将生物多样性保护上升为国家战略。

截至 2012 年底，中国共建立自然保护区 2669 个，占国土面积的 14.9%，超过 12% 的世界平均水平，其中国家级自然保护区 363 个，中国以自然保护区为主体的生物多样性就地保护网络基本形成。

迅猛增长的人口是生物多样性丧失的主要原因，人们对自然资源过度利用，忽视生态、经济、社会的可持续发展，导致生物栖息地丧失，外来生物入侵，环境污染严重，使生物多样性受到严重破坏。保护生物多样性重点是保护物种多样性，建立自然保护区实行就地保护是最好的办法，这

高黎贡山国家级自然保护区，有高等植物1400多种、鸟类250多种、兽类40多种，此外还蕴藏着丰富的铅、锌、锑、锡等矿产。

在我国生物多样性保护工作中发挥了不可替代的作用。

生物多样性是自然界的最大资本，是全人类的生存仰仗。中国是世界上人口最多、人均资源占有量低的农业大国，一半左右的人口住在农村，对生物多样性具有很强的依赖性。近年来经济的持续高速发展，在很大程度上加剧了人口对环境，特别是生物多样性的压力。生物多样性保护关系到中国的生存与发展。如果不立即采取有效措施遏制这种恶化的态势，中国的可持续发展是不可能实现的。

中国是世界上生物多样性特别丰富的国家之一，为全球生物多样性第三大国。中国有高等植物3万余种，脊椎动物6300多种，分别占世界总种数的10%和14%。中国生物物种不仅数量多，而且特有程度高，生物区系起源古老，成分复杂，并拥有大量的珍稀孑遗物种。中国广阔的国土、多样化的气候以及复杂的自然地理条件，形成了类型多样化的生态系统。这是中华民族拥有的最大财富和最具长远价值的财富。这份财富的价值具有无比丰富的内涵，不是用货币能够量化计算的。

生物多样性的价值除了生态价值和经济价值外，还具有重大的社会价值，如艺术价值、美学价值、文化价值、科学价值、旅游价值等。许多动物、植物和微生物物种的价值现在还不清楚，如果这些物种遭到破坏，后代人就不再有机会利用。因此，加强生物多样性保护，才能使经济社会实现可持续发展。

1992年，在里约热内卢地球首脑会议上，世界各国领导人就“可持续发展”的综合战略问题达成一致，其共同观点是，在满足我们需要的同时，确保给后代人留下健康的、生存有保障的世界。里约热内卢会议正式通过

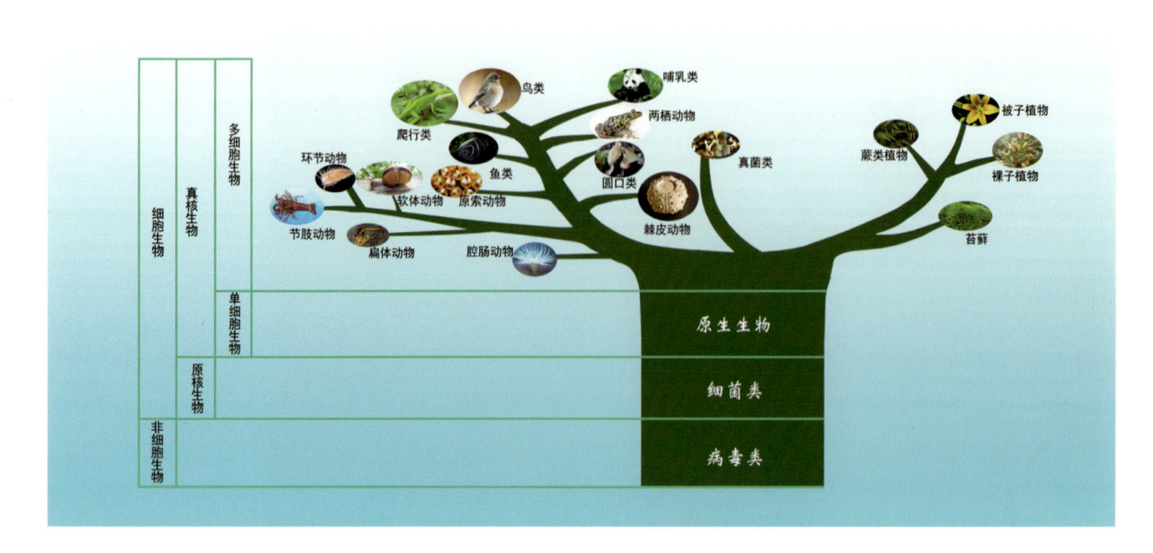

物种多样性是指某一地区生物种类的丰富程度。通常用物种和特有种的数量来表示。物种是生物多样性研究的基本层次，也是生物分类系统的基本单元（制作：常二梅）。

的重要协议之一是生物多样性公约。该协定为世界上绝大多数政府做出了规定，即我们在发展经济的同时要保护好全球生态系统。公约确立了三个主要目标：生物多样性保护、生物多样性的可持续利用，以及公平合理地分享因使用基因资源而获得的利益，由此维护人类共同的家园。

让我们用一个故事来结束本章：生活在贵州省黔东南州从江苗族自治县的岜沙苗族群众，对树木有着特殊的感情。每个岜沙的孩子出生后，父

2013年9月21日，“全球熊猫守护之旅”在法国落幕。这项活动是为了让更多的人意识到保护濒危物种、保持生物多样性和保证生态安全的重要性。

母都会为他（她）种植一棵树，让树随着孩子成长。如果这棵树被风刮倒或是被人砍掉，他们会认为这是不祥的预兆。成人死亡之后，家人会用这棵生命之树为其制作棺材，埋葬的时候不是立一个墓碑，而是再种上一棵树，缅怀已故的亲人。

类似的习俗在我国很多少数民族地区都存在。例如，西双版纳傣族的古典经文中写道："有林才有水，有水才有田，有田才有粮，有粮才有人。"树木在这些地方被封为神，村民们自觉保护它，还经常举行一些祭祀活动。正是这样的崇拜与敬畏，使得这些地方的树木郁郁葱葱。

如果现代人对地球的生物多样性也常存这样的崇拜与敬畏之心，我们的国家乃至我们的地球就有可能万物繁盛，永葆青春。那就是人类享受不尽的幸福。

第四章
生态产品及其属性

中国已成为世界第二大经济体。
改革开放取得的成就辉煌瞩目，
生产发展，
生活幸福，
走进商场到处都是琳琅精美的商品，
凭票购买食物和其他产品的时代已经一去不复归。

当今中国最短缺的东西是什么呢？
是生态产品。
生态产品如何产生？
以何种形态存在？
中国公民如何公平享有生态产品呢？

第一节　生态产品的概念

生态产品是一个新提出的概念，涉及生态学、生物学、美学、经济学、材料学、物理学、化学、环境学、生理学等多门学科领域。目前对生态产品的认识存在着不同意见，有的很宏观，有的偏微观。因此关于生态产品的定义也就不同。

联合国《千年生态系统评估》报告里关于生态系统服务的概念与生态产品的概念内涵基本一致，是对人类几千年发展中人与生态系统的关系及其生态系统为人类生存所提供服务的反思，是对可持续利用生态系统服务功能的科学总结。

一般讲，生态产品是指维系生态安全、保障生态调节功能、提供良好人居环境的自然要素，包括清新的空气、清洁的水源和宜人的气候等等。

具体讲，生态产品是指生态系统和生物多样性所具有的功能及其提供的服务。这种功能和服务是保障生命体存在的基础。如森林固碳造氧，吸附粉尘，净化空气，把清洁的空气提供给人类享用；湿地贮存淡水，净化水质，把干净的淡水提供给人类饮用和灌溉；海洋通过大气环流，形成降水，供陆地所有动物、植物、微生物享用，使地球生命生生不息；蜜蜂、蝴蝶等为植物采花授粉，传播种子；飞鸟、蜻蜓、青蛙、蜘蛛等捕食害虫，对病虫害进行生物防治；绿色空间，美丽风景，让人们赏心悦目，促进健

蝴蝶在为植物授粉

贮存1339万立方米淡水的阿尔山杜鹃湖清晨（摄影：于述明）

飞翔在香格里拉的黑颈鹤

康长寿……

生态产品与物质产品、精神产品不同，生态产品是自然禀赋的，多种多样的，形态各异的，至善至美的，是地球生命体繁衍、生存、发展的首要基础和条件。

生态产品是生态系统和生物多样性提供和生产的。一棵树就是一部制氧机；一块湿地就是一个净化水质的清洁工厂。保护好生态系统，维护好生物多样性，就能为人类提供和生产又多又好的生态产品。

生态产品同农产品、工业产品和服务产品一样，都是人类生存发展所必需的。国家或地区对生态功能区的生态系统和生物多样性进行“生态补偿”，实质上就是政府代表人民购买生态系统和生物多样性所提供的生态产品。

第二节　生态产品的属性

国际自然保护联盟（(International Union for Conservation of Nature, IUCN）首席科学家麦克尼里（McNeely）说："每一个人——无论富裕还是贫穷，在城市还是农村——都完全依赖于生物多样性所提供的无价服务"。

2013 年 4 月，习近平总书记在海南考察时强调指出："良好的生态环境是最公平的公共产品，是最普惠的民生福祉。"

生态系统和生物多样性生产和提供的生态产品具有消费的公共性和平等性，受益的外部性和效用的阈值性。消费的公共性和平等性表现为非排他性，生态产品的消费是敞开发散式的，一个人消费不影响也无法排斥其他人的消费。任何人都可以随意地、不需要支付任何费用、平等地享用。受益的外部性，是指一般商品受益的对象是购买商品的主体，生态产品不同，江河上游水土保持林的功能，有助于改善下游地区生态环境，降低生产成本，提高生活质量。效用的阈值性，指生态产品以生态系统功能和服务为基础，从人和生态系统的关系看，具有显著的阈值性，在阈值范围内其对人类的效用是增加的；超过阈值范围，其效用是下降的，甚至产生副作用。

生态产品消费的公共和平等的属性，决定了它不便于，也不可能用"度量衡"的方法，把其作为商品一样去交换。比如，四川九寨沟、湖南张家界，那里的空气非常洁净，每立方厘米有负氧离子达 8 万多个（一些城市，如北京，空气中每立方厘米负氧离子仅有几百个到几千个），人们不可能用很大的容器把那里的空气装运到城市，卖给城市居民享用。要保障城市人民享用更多更好的生态产品，就要让森林走进城市，让城市拥抱森林，大力倡导植绿、护绿、爱绿的行为，把绿色播撒到社区、工厂、院校、营房。

生态产品的非排他性又体现了它的平等性，无论你富有，还是你贫穷，它都平等对待，不会"嫌贫爱富"，有钱人钱再多也无法买到比别人更多更好的生态产品。

改革开放初期，物质生活资料极度匮乏，温饱问题是全社会关注的重点。生态产品在很大程度上是被忽略的。随着生产发展、社会进步，绝大多数人的温饱问题解决之后，社会需求的内涵日益丰富，层次逐渐上升，民众对生态产品的质量和数量提出了越来越高的要求。尤其是在环境污染加重，生态系统退化的背景下，人们对生态产品，如清洁的空气，干净的饮水和宽阔的绿地等等，都表示出与日俱增的关注。因此，社会发展必须坚持以人为本，既要可持续地满足人民群众对日益增长的物质产品、精神产品的需求，也要可持续地满足人民群众对日益增长的生态产品的需求，坚持生态文明建设为了人民，生态建设依靠人民，营造天蓝、地绿、水清的美好家园。

对人民大众而言，保障生态产品充分和稳定地供给，是构成生活幸福感的重要参数，甚至成为衡量百姓生活幸福与否的基本指引。

生态产品的不可交换性，决定了它不可能获得“回报”收益。因此，生产生态产品的投入，就必须由各级政府来“买单”，加大对生态建设工程的投资力度；生态产品的“欠债”，就必须由各级政府来“偿还”，加大对生态保护工程的“补偿”力度。

建设生态文明社会，显然首先要满足人民群众对生态产品的基本要求，这也是政府应当提供的基本公共服务。

自进入 21 世纪以来，民众对生态产品的基本要求已经成为具有高度敏感性的利益诉求，生态产品供给能否稳定保障，已经上升为严肃的社会政治问题。

第三节　生态产品的分类

依据不同的分类原则，对生态产品有不同的分类方式。常见的分类方式有：按照人类活动影响程度分类；按照生态类型分类；按照生态产品功能分类；按照空间尺度分类和按照时间尺度分类。此外，还可以按照物质循环、能量循环等进行分类。

一、按照人类活动影响程度分类

按照人类活动对生态系统的影响程度，可以分为人工生态产品和自然生态产品。这一分类方式比较客观。

农田是典型的人工生态系统。人们世世代代在这里劳作生息。图中为广西龙脊梯田，位于广西龙胜和平乡平安村龙脊山。梯田坐落在越城岭大山脉之中，四面高山阻隔。这里溪流众多，水源充足，山上植被四季常青（摄影：邸济民）。

森林生态系统是典型的自然生态产品的提供者。它可提供涵养水源、清洁空气、保持水土等多方面的生态产品（摄影：李敏）。

由人工生态系统提供的生态产品叫人工生态产品。人工生态产品主要由农田生态系统和城市生态系统所生产，如人工湿地、水库、植物园、水田、城市公园等。这些生态产品在人工生态系统中承载着物质和能量流动，与人们的日常生产、生活关系密切。

由自然生态系统提供的生态产品叫自然生态产品。自然生态产品主要由森林生态系统、湿地生态系统、草原生态系统、荒漠生态系统、海洋生态系统等生产，如热带雨林、天然湿地、草原等。这些生态产品没有或很少人工干预，是纯自然的生态产品。他们在自然生态系统中，承载着物质和能量流动的重要角色。自然生态产品虽然没有与人类的日常生产、生活发生直接的关系，但在整个地球的生态系统中具有更加重要的地位，它在更大尺度上影响着地球的生态系统平衡，为地球的生态平衡提供保障。

二、按照生态类型分类

地球生态系统大体包含了三个方面，即陆地生态系统、海洋生态系统和大气生态系统。这三个方面的生态系统为地球提供不同的生态产品。

陆地生态系统中又包括森林生态系统、草原生态系统、荒漠生态系统、湿地生态系统等。

森林生态系统是陆地生态系统的主体。发达的林业是国家富足、民族繁荣、社会文明的标志之一。森林及其他绿色植物通过光合作用固碳释氧，为人类提供充足的氧气，是维持我们的生命须臾不可离的生态产品。森林还具有涵养水源、保持水土、防风固沙、保护农田和牧场、调节气候、净化空气、美化环境、维持生态平衡等多种功能。难以想象人类如果没有森

草原生态系统

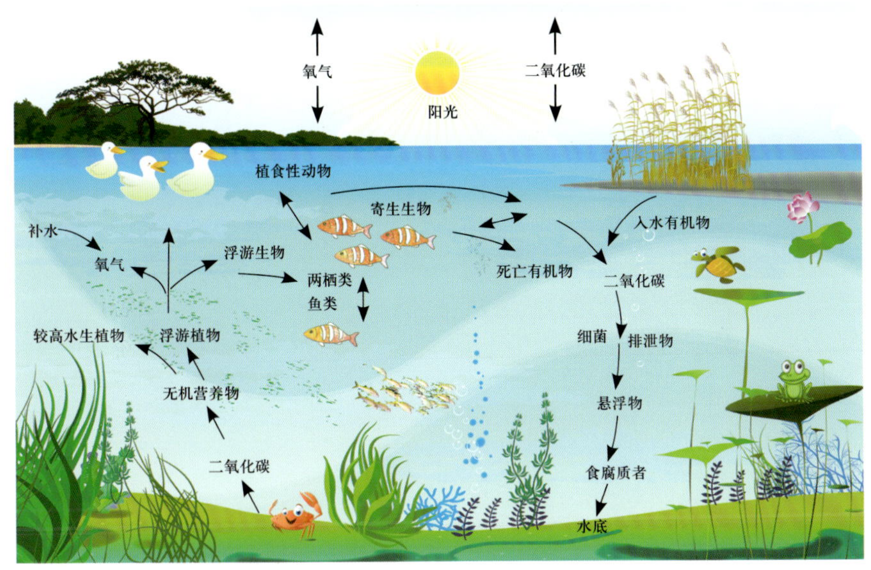

湿地生态系统物质循环

林生产的生态产品将如何生活。湿地、草原、荒漠等陆地生态系统以至于海洋生态系统、大气生态系统所提供的生态产品，都是人类生命得以支撑和延续的前提。因为在本书第二章已作专节研讨，故不再赘述。总之，当前我们一方面要开发更多更优的生态产品；另一方面要贯彻节约优先、保护优先的方针，合理利用生态产品。

三、按照生态产品功能分类

生态系统具有多种多样的功能，包括水土保持、涵养水源、清洁水体、调节气候、制造氧气、抵御风沙、减轻洪灾、减轻泥石流、降低噪音、减轻空气污染、动植物庇护所、多样性宝库、文化源泉等。依照不同的功能，可以划分出不同类型的生态产品。比如，三江源的湿地，其主要功能体现在涵养水源上，可以称其为涵养水源型生态产品。陕西榆林的沙丘，具有清洁水体的功能，可以称为清洁水体型生态产品。黑龙江扎龙国家级自然保护区保护了大量的水鸟，可以称为保护动物型生态产品。

四、按照空间尺度分类

地球上，不同的纬度，由于太阳高度角发生变化，所获得的能量就不同，因此，不同的纬度产生了不同的生态系统，也就产生了不同的生态产品。

以世界森林的分布可以直观地看清这一点。世界森林面积约占陆地总面积的32.3%。世界森林植被分布在高纬度区和低纬度区的植被带比较单

世界森林分布示意图

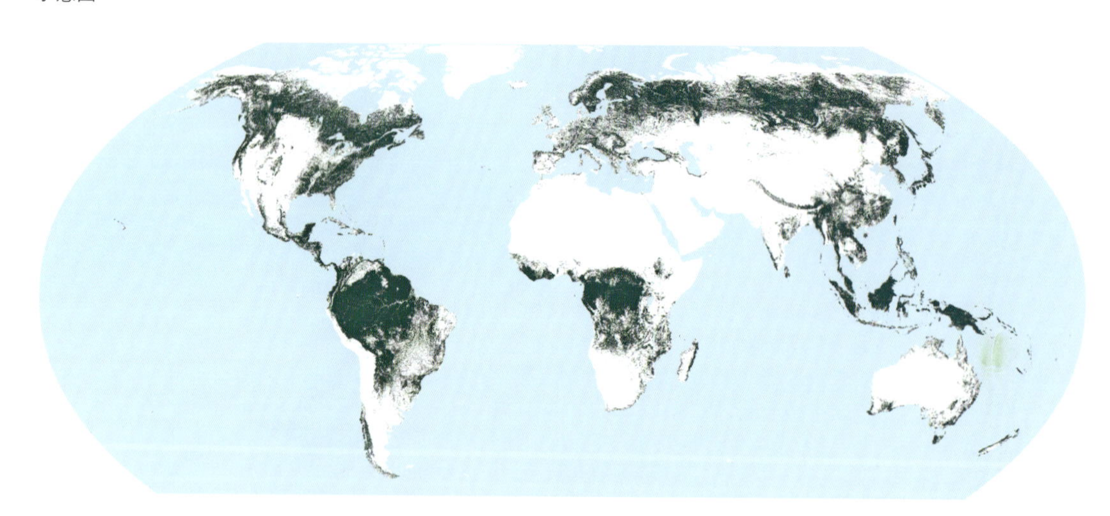

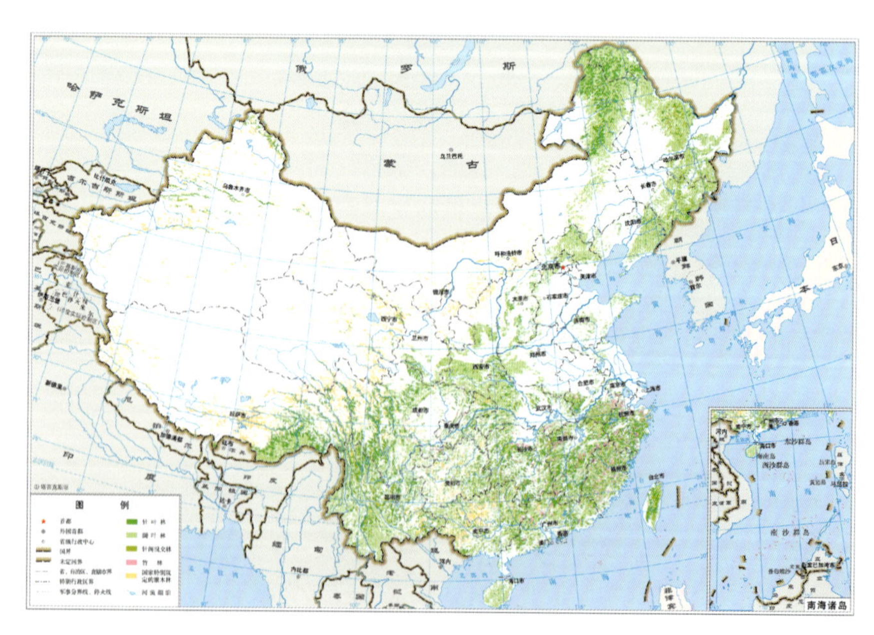

中国森林分布图

一，具有环大陆分布形式，明显地表现出纬向地带性特点。而中纬度区的植被带比较复杂，它们在大陆东西岸之间不连续，在气候干旱的大陆内部出现了经向地带性的分布。此外，南北两半球森林植被呈现出不对称的现象。

在北半球高纬度地区分布着辽阔的北方针叶林带，代表树种有云杉、冷杉、落叶松等。在北纬 30° ～ 50° 附近分布着由橡树、槭树、千金榆等树种组成的落叶阔叶林。在湿润的亚热带地区分布着以壳斗科、樟科、山茶科等为建群种的亚热带常绿阔叶林；在亚热带冬雨型地中海气候地区分布着以多种常绿栎类等树种形成的硬叶常绿阔叶林。在潮湿的热带地区分布着树种组成繁多、层次结构复杂的热带雨林；在干湿季分明的地区分布着热带季雨林和热带稀树林。在南半球南回归线以南，森林面积不大，主要分布于沿海和山地。阔叶树主要为分布于澳大利亚的桉树属和假水青冈

我国政府曾在联合国大会上庄严承诺：大力增加森林碳汇，争取到 2020 年森林面积比 2005 年增加 4000 万公顷，森林蓄积量比 2005 年增加 13 亿立方米。通过碳汇，中国为改善地球大气环境做出了积极贡献。碳汇造林是一项典型的长时间尺度生态产品。

塞罕坝人工林是我国人工造林的重要成就展示，对当地的生态环境改善发挥了巨大作用。是典型的中等时间尺度生态产品。

属，针叶树种为南洋杉属和贝壳属等。

从我国的森林分布来看，也呈现明显的地带性特点，从南到北，依次为热带季雨林、亚热带常绿阔叶林、暖温带落叶阔叶林、温带针阔混交林、寒温带针叶林。

不同的森林类型，提供了不同的生态产品。在热带，四季常青，人们感受的是满目青翠；在寒温带，四季各异，人们感受的是四季分明。在黄土高原和珠江流域，呈现了完全不同的自然景观，其生态系统也就提供了不同的生态产品。

五、按照时间尺度分类

按照时间尺度的长短，可以划分为：长时间尺度生态产品，主要是以生态系统进化为主要内容的生态产品；中等时间尺度生态产品，是以群落演替为主要内容的生态产品；短时间尺度生态产品，比如短期内植物营造所提供的生态产品。

长时间尺度生态产品，是从地球生态长远考虑的生态产品，比如，碳汇造林，其目标是通过植树造林，降低碳排放，改善大气环境。再如我国实行的天然林资源保护工程，也是这种长时间尺度的生态产品。

中等时间尺度生态产品，着眼于局部地区的生态群落的改变，进而恢复生态环境。比如，我国的三北防护林、塞罕坝人工林建设就是通过人工造林的方式，人工干预群落演替，恢复自然植物群落。封山育林也是一项中时间尺度的生态产品。

短时间尺度的生态产品，是从改变局地景观等目的而设计的生态产品，如城市公园、街心公园等。这些产品可以在短时间内形成景观效果，为人们提供休闲场所。

第四节　生态产品的供给与保护

生态产品不为具体个人所有，人人都能够随意享用。享用时又不付任何费用，“得来全不费工夫”。因此，往往得不到人们的珍惜和爱护。有的人受到私利的挤压，“多吃多占”，乃至侵夺生态产品。行为严重者表现为偷伐树木，盗猎野生动物，甚至还有人盗猎国家明令保护的濒危野生珍稀动物，在候鸟迁徙路径上截杀，在各类水域中过度捕捞，甚至使用小眼渔网、电鱼、毒鱼等破坏性手段捕鱼，如此等等。情节轻微者可见于肆意践踏绿地，折断观赏花木，在清流中倾污洗垢，在空气清新的公共空间吸烟喷雾，风景区里随便丢弃垃圾，如此这般。经济学上“公共草地”的悲剧在生态产品领域广泛上演，中国生态产品供给本来就人均拥有量不高，质量欠佳，有时难以为继。如果再有这诸多的糟践，便有雪上加霜之感。

还有人会觉得，让野生动物在野地里乱跑不如放到自家菜碟里实惠，维持自然保护区比不上把这里变成商业用地获利高。当新闻曝光了著名风景区的湖面被填塞成房地产用地，行洪河道上也建起了房屋，众多公园中私设了只属于特权阶层的私密会所时，就不难理解，生态产品稳定供给、持久保护的艰难。

每个具体的生态产品就是建筑美丽中国的一砖一瓦。人人都赞颂美丽中国这个概念，但其中总有人顽固地思谋着要把美丽中国的公共“砖瓦”用来修建私家庭院，生态产品的私人占有是一种严重的“不公平”。这会产生一种“示范作用”，既然有人这样干，并没有受到足够力度的惩罚，几乎可以无差别获利，那就会有更多人效仿。正常的生态产品供给体系将因此而解体。没有正常生态产品供给体系的中国也就无法成为“美丽中国”。

我国以脆弱的生态承载了全球最多的人口。随着经济的发展，我国人民生活和经济社会建设对生态产品供给提出了更高的要求，拥有良好的生态环境，享受基本的生态产品，正成为越来越多人的诉求。但事实是，人民对生态产品的需求与社会提供的生态产品之间，无论是在数量还是在质量方面，都存在很大差距。

保障生态产品持续供给，平等享有，就一定要保护和建设好生态系统，维护好生物多样性。一定要采取法律、政策、国民教育等多种措施，坚持不懈，必见成效。就我国实际而言，当前要特别地抓好全民的生态道德教育。

长期以来，我国的德育教育，特别是国民德育教育的内容，主要是围绕如何处理人与人、人与社会关系展开的，相对忽略了如何处理人与自然包括人与其他生命之间的关系的教育。针对我国目前生态道德缺失的现状，加强全民生态道德教育，提高全民生态道德水准，对于保护好生态系统，维护好生物多样性，保障生态产品供给尤为重要。

左：北京官园公园为人们提供了休憩场所。这一类设施是典型的短时间尺度生态产品（摄影：于述明）。

右：身体力行，换来清洁环境。人们将活动用过的食品包装袋、饮料瓶、餐巾纸等随身带走，已经成为一种维护友好环境的自觉行动（摄影：高志辉）。

全国政协人资环委、教育部、环保部、国家林业局、团中央、科协等相关部门在全国开展了“童眼观生态”活动。

人人都是生态产品的享用者，人人也是生态产品的保护和爱护者。当前国民生态道德教育要重点抓好以下四个方面。

一是要重点抓好生态道德意识教育、生态道德规范教育和生态道德素质教育。生态道德意识教育的目的在于使生态道德观念转化为人们的生态道德实践，践行爱花、爱树、爱鸟、爱一切自然和自然和谐相处。生态道德规范教育的目的在于使人们尊重自然、尊重生命和生态系统的正常循环，珍惜资源和合理消费生态产品、反对奢侈和浪费、维护生态平衡，促进可持续发展。生态道德素质教育的目的在于持续、有效地提高人们的生态道德素质，增强保护自然和生命的道德意识、道德情感、道德知识、道德能力与道德习惯，从而自觉遵守保护生态系统，维护生物多样性，保护环境的行为准则和道德规范，更好地履行人类对自然和生命的道德义务与责任。

二是要大力提高各级领导干部的生态道德水准。领导干部是公共事务的管理者，他们自身生态道德素质的高低对全社会生态道德建设具有决定性的意义。各级领导干部自身的生态道德水平提高了，在行动上能够正确处理人与自然、发展与环境的关系，当代人的利益与子孙后代的利益关系，发展经济与关心民生的关系，坚决防止和抵制一切损害国家利益、人民利益、全局利益和长远利益的不道德行为，那么，全民的生态道德意识必然会普遍增强，生态文明建设就一定会卓有成效，生态产品就会保障供给。

三是要着力加强对企业的生态道德建设。企业既是社会财富的创造者，往往也是污染物的生产者、排放者和生态系统的伤害者。要倡导在企业的价值理念上，既要讲企业的“最大利益原则”，也要讲经济效益、社会效益和生态效益的统一。企业在决策中，要有社会、长远和生态、环保的观点；在生产过程应当把采用循环利用技术和清洁工艺，生产绿色产品，作为企业的道德文明要求；在消耗方面，要坚持节约能源、资源，提高使用效率，减少废物排放。总之，企业要发展循环经济、绿色生产，建设成生态文明企业。

四是要广泛开展全民生态道德教育活动。习近平总书记指出，要加强生态文明宣传教育，增强全民的节约意识、环保意识、生态意识，营造爱护生态环境的良好风气。要充分利用广播、电视、图书、报刊、网络等各种媒体进行宣传教育；借助生态环境宣传日开展丰富多彩的宣传教育活动，如“植树节”、“地球日”、“世界环境日”、“世界水日”、“国际生物多样性日”、“国际湿地日”、“爱鸟周”等一系列科普宣传日，进行生态道德宣传教育，增强全民的“节约、环保、生态”三个意识，让人们切实认识到很多自然资源是不可再生的，随着人口的不断增长，奢侈浪费现象又普遍存在，自然资源的承载力很快接近极限，必然带来生态危机，最终危及人类生存和发展。全国政协人资环委、教育部、环保部、国家林业局、科协、团中央等相关部门在全国开展的“童眼观生态”活动，就是组织青少年开展夏令营，走进森林、湿地、草原、海洋等自然生态系统，亲近自然、体验生态，通过“写、画、摄”反映自己的感受和体会，使他们的幼小心灵熏染了尊重自然、爱护自然的高尚情操。

全民生态道德教育，在儿童心中播下绿色种子。

Chapter 5

第五章
被侵害的生态系统

生态系统养活着人类，
人类却在日益严重地侵害生态系统，
一场积怨已久的矛盾正在激化。
生物圈正在经受着怎样的伤痛?
它们又如何被动对抗?

如果说，
传统农业时期及以前时代，
这种侵害还是无心之失，
那么，
科学认知已经如此深入的时代，
这种侵害仍在持续并扩大，
那就是明知故犯。
了解这种明知故犯的严重程度及其后果，
有助于阻止其加剧趋势。

第一节 人类发展的共同困境

工业革命以来，人类利用自然、改造自然的能力越来越强大。能源开采、毁林开荒、草原开垦、围海造城、围湿(湿地)造田、污染排放等，这些行为都不断地对人类赖以生存的生态系统产生重大影响。针对这种情况，2012年6月20～22日，在巴西里约热内卢举行的“里约+20”峰会上，再次发出了可持续发展的高调呼吁。会议文件中强调：消除贫穷、改变不可持续的消费和生产方式、推广可持续的消费和生产方式、保护和管理经济与社会发展的自然资源基础，是可持续发展的总目标和基本需要。

从美国科学家卡尔逊1962年以《寂静的春天》发出环境问题的严重呼吁，到2012年召开的“里约+20”峰会，这50年中，各国达成协议的重要文件堆积如山，如多边环境协定（MEAs)、联合国气候变化框架公约(UNFCCC)、生物多样性公约（CBD)、关于持久性有机污染物的斯德哥尔摩公约(SCPOP)、联合国防治荒漠化公约（UNCCD）等等。遗憾的是，这些文件大多躺在办公室的抽屉里，很难在实际中发挥作用。一个不争的事实是，环境破坏者依然我行我素，破坏程度与日俱增。二氧化碳浓度还在升高，物种还在消失。发展增量与环境负担成正比增长。

2012年6月8日，为迎接联合国可持续发展大会(“里约+20”峰会)召开，纽约联合国总部当日举行了旨在提倡低碳城市出行的自行车骑行活动。图为各国外交官骑车从美国纽约联合国总部出发(新华社供稿)。

为什么人类发展面临着如此严重的困境呢？这是由于人口的不断增加和地区发展的不平衡而引起的。1900年，全球总人口约16.5亿。到1992年，增长到50多亿。从1992年到2010年，世界人口增长到接近77亿。20世纪末，不到20年的人口增量部分，竟然是人类自上古到1900年这数千年累积都没有达到过的人口量值。全球人口增长最快地区在亚洲和非

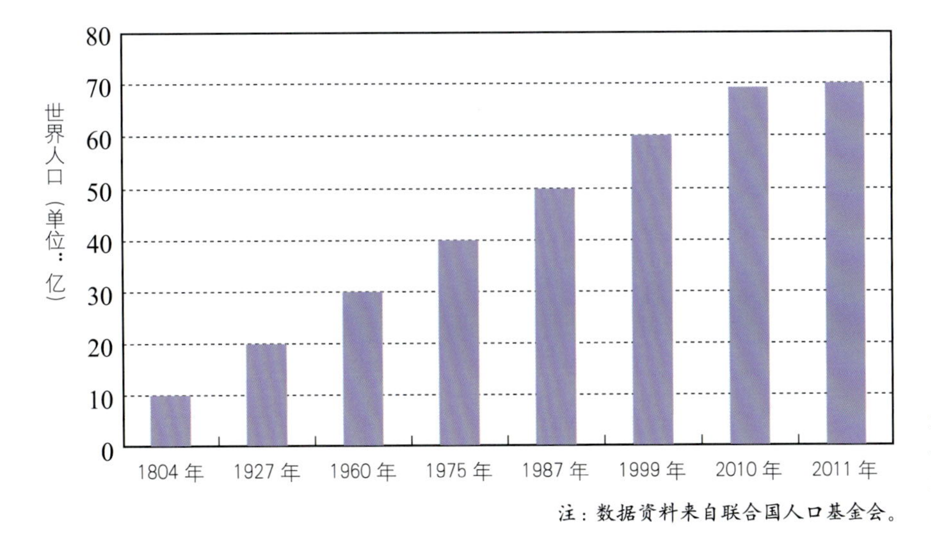

自1800年以来，地球人口已经增长7倍。估计到22世纪初，地球人口将达到90亿～100亿。

洲。发达国家人口增长渐趋平衡。发展中国家的增长率往往高于发达国家2～3倍。

发展中国家人口大量增加，并向发达国家的高消费看齐，势必自然资源消耗量急剧攀升，环境负担加重。大量人口对水、能源、食品、矿产和土地资源的需求，加速了生态环境退化。我们明显感觉到，环境在变差，水被污染了，空气出现了严重的雾霾，就连食物也出了问题。

许多专家都制定过解决全球环境问题的路线图，尽管凿凿可听，但在现实面前却显得异常无能。于是，许多人产生了环境悲观派的观点。大家认为，下列问题如不解决，环境就很难根本改善：①贪婪的资本与贫穷直接的矛盾；②国与国之间的利益博弈；③发展中国家重复发达国家的老路；④科学进步受利益集团控制，环境被最后考虑；⑤不可再生资源的剧减；⑥环境容量有限；⑦公众对环境问题的麻木，不考虑环境的承受力；⑧富裕人群无限占有穷人的环境污染排放指标；⑨发达国家向欠发达国家转移污染（高污染制造业、洋垃圾等等）。

上述问题构成人类发展的困境，也是生态系统受到致命损害的重要原因。

第二节 森林锐减

尽管人类从森林里走出，但人类对于养育他的“母亲”并不是呵护有加，而是对其不断地砍伐与掠夺。在地球陆地上，森林是极为重要的自然

据统计，目前地球上每分钟就有20公顷森林被毁掉，仅从1950年到1985年，全球森林面积就减少了一半。到2010年，全球森林总面积仅仅略超过40亿公顷，占陆地面积已不到13.42%。

生态系统。据专家估测，历史上全球森林面积最多时曾达到76亿公顷，覆盖全球陆地面积的51%。在人类大规模砍伐之前，全球森林面积约为60亿公顷，占陆地面积的40.26%。千百年来掠夺式的砍伐，使世界上森林越来越少。

森林蒙受灾难的原因正是由于它的各项用途。砍伐造成的破坏不仅仅是森林本身，栖息在其中的动物、微生物也遭到了灭顶之灾。这个灾难最后的受害者就是人类本身了，日益增加的大气二氧化碳、大气温度上升、全球性降水分配不均匀，在很大程度上，正是大肆砍伐森林造成的不良后果。

在全球范围内，毁林的例子比比皆是。20世纪90年代中期，地球上估计还有5500万平方千米的热带雨林处于未受破坏的状态，现在保留的雨林面积只有原来的50%，相当于美国国土2/3面积的雨林被毁灭了。雨林消

左：生活在东南亚的红毛猩猩，由于热带雨林的不断减少，其生存压力陡增。

右：从空中看印度尼西亚苏门答腊岛内林木被纸浆供应商砍伐后的惨状（新华社供稿）。

失不仅是树木的灾难，世界上有25%的物种也随着热带雨林一起灭绝。

在亚马孙河流域，在东南亚，雨林的大面积被砍伐一直长期进行。世界上的热带雨林，每年以16万平方千米的速度在递减；同时有等量的雨林由于耕种、采樵和放牧影响而退化。照此速度下去，全球热带雨林将在30年内彻底消失。热带雨林破坏多发生在经济落后的非洲，如委内瑞拉每分钟消失热带雨林达30公顷，破坏的推手就是发达国家的贪婪资本。

20世纪上半叶，在波罗的海诸国和前苏联西部的交界处发生了大规模的森林砍伐。二战以后由于非法采伐，俄罗斯联邦损失了约8.5亿公顷温带森林和泰加林，所毁森林占当时世界森林总面积的22%，超过了世界上任何一个国家的森林面积。

据估算，全世界每年有1300万公顷森林被砍伐。

虽然世界各地有许多造林工程开始实施，但是造林的速度远远赶不上砍林的速度。

工业污染是一把看不见的巨型“斧头”，也导致森林严重退化。东欧和中欧的大面积林地遭到了酸雨的危害。在俄罗斯的工业中心乌拉尔、科拉半岛和西伯利亚都发生了森林退化，仅在西伯利亚的诺里尔斯克，就有50多万公顷林地受到破坏。俄罗斯的车诺比尔有100万公顷林地受到影响。

森林消失后，也就无从提供生态产品了。它吸收二氧化碳、生产新鲜氧气的功能，它强大的碳汇功能，庇护生物多样性的功能，防止水土流失的功能，等等，也都不存在了。未来人类将要为此付出沉重的代价。

第三节　土地荒漠化

土地荒漠化是环境严重退化的表现，土地荒漠化达到极致必然产生沙尘暴。1934年5月11日凌晨，一场黑风暴席卷了美国西部草原，风暴整整刮了3天3夜，形成一个东西长2400千米，南北宽1440千米，高3400米的巨大黑色风暴带。风暴所经之处，溪水断流，水井干涸，田地龟裂，庄稼枯萎，牲畜渴死，千万人流离失所。风暴袭击，刮走了大量的土壤表层，以致原本肥沃的土壤，露出贫瘠的沙土层，不仅给美国的农牧业生产带来了严重影响，对经济发展也造成巨大冲击。

黑风暴的形成与大气环境和气候因素有关，更与人为的破坏生态系统是密不可分的，是沙漠化加剧的象征。由于开发者不合理的开垦，过度放牧、过度采樵，使森林减少、草原枯萎、土地沙化、生态系统失衡，大风扬起沙子形成沙墙，造成沙埋、沙割之害。美国的这场巨大灾难，被列为

20世纪十大自然灾害之一。

继北美黑风暴之后，前苏联未能吸取其教训。1960年3月和4月，在新开垦地区再次遭到黑风暴的侵蚀，经营多年的农庄几天之间全部被毁，颗粒无收。3年之后，在哈萨克新开垦的地区又一次发生风暴，受灾面积达2000多万公顷，损失十分惨重。

这些自然灾害，都是土地严重荒漠化后带来的恶果。

中国的土地荒漠化有多种表现形式。在西南喀斯特地区，主要表现为"石漠化"：地表植被遭受破坏，导致地面表土严重流失，基岩大面积裸露或砾石堆积。通俗地说，就是大地失去表皮土壤而变成了光石板。石漠化的危害非常大，它直接导致土地承载力严重降低甚至丧失，减少耕地资源，缩小人类生存空间；石漠化造成土地"光板化"，雨大就造成山洪，没有雨就马上干旱，加剧了旱涝自然灾害；石漠化空间几乎是生物存活的"绝地"，导致生物多样性锐减，造成生态系统简单化，严重影响生态安全。所有这一切的后果是导致石漠化地区贫困加剧，阻滞经济社会的可持续发展。

在中国西北干旱区，土地荒漠化的直观形态是沙质土壤上的植被遭到破坏，导致沙土裸露。一些有植被原野的底层埋藏大量沙源物质，当植被破坏后，砂砾即裸露出来，在风力不断作用下，逐渐形成新沙漠。

中国西北地区土地荒漠化的地理气候原因是缺水少雨而造成的极度干旱。当土壤中的水分不足以使植物生长，植被就开始变得稀疏，甚至最终消失，沙土无法被掩盖，大面积的浮沙裸土就形成了。

就自然原因而言，中国西北地区深居大陆腹地，是全球同纬度地区降水量最少、蒸发量最大、最为干旱的地带。气候增暖更加剧着这个地区的干旱。长期增温干旱，导致高山上冰川退缩，山区融雪减少，河流来水量剧减或断流，湖泊萎缩或干涸，地下水位下降，大区域干旱度不断加剧，大面积植被因缺水而死亡。

植被盖度降低，土壤结构变得更加松散，失去植被保护的地表长期裸露，土壤风蚀加剧，细土被吹走，地表粗砾化严重；河道及其两侧沙化土地持续扩展；沙漠边缘沙丘活跃度增加，使沙漠化面积外推扩大。所有这

盗采白刺造成沙化，这种将地表植被全部抓起的行为，换来的代价是土地的严重沙化（新华社供稿）。

左：过度放牧使草原植被日益减少
右：沙尘暴袭击下的城市

一切的叠加效应，便是土地加速沙化。

在人为原因方面，土地超载过牧，农业垦荒，能源开发，乱挖滥采，这对造成土地沙化更加直接。

在土地沙化相对集中的我国西部地区，曾经有大量草地和林地被开垦为耕地。自1995～2000年，因开垦草地增加的耕地面积占69.5%，因开垦林地增加的耕地面积占22.4%。这些地区垦殖的耕地在庄稼收获之后就是裸地，在极度干旱与强烈风蚀的作用下，这些裸地会迅速沙化。

近些年来，生态环境相对脆弱的我国西北地区出现了大规模滥挖发菜、甘草和麻黄等野生中药材的行为。近几年，每年进入内蒙古搂发菜的农民有20万人次。高峰年份，进入内蒙古搂发菜人员累计高达190万人次。搂发菜大军涉足的草场面积约为2.2亿亩，遍布内蒙古中西部乌兰察布市、锡林郭勒盟等5个盟市，1.9亿亩的草场面积遭到严重破坏，约占内蒙古全部草原面积的18%，有相当部分正处于沙化的过程中，其中约0.6亿亩的草场面积被完全破坏且已沙化。

我国部分地区超载过牧日趋严重，其中新疆、广西、宁夏、内蒙古超载率较高，分别达到了121%、81%、72%及66%。以内蒙古为例，每只羊拥有的草场面积从20世纪50年代的3.3公顷，减少到80年代的0.87公顷，目前仅为0.42公顷。过度放牧造成了对草地地表的过度践踏，草原地表土壤结构破坏严重，经风吹蚀，大量出现风蚀缺口。牲畜放牧越多的草地，土壤裸露的也越多，形成的沙化面积也越大。

过度干旱，草原超载过牧，垦荒和野地采挖，不计后果的开矿建厂等共同作用，导致中国西北地区的草原失去了休养生息的机会，多半草原都处于日益严重的退化状态。草原退化的极致就是变成沙漠。

土地沙化直接导因是气候的自然变化和人类活动的破坏。其中以人类活动的破坏为主因。

土地沙化加重了沙尘暴爆发的频次。20世纪50年代以来，中国北方共出现了223例较为典型的强沙尘暴。强沙尘暴的多发区域主要位于南疆盆地、西北地区东部和华北地区北部。强沙尘暴的多发季节为春季（3 ~ 5月），约占全年总数的 82.5%；其中 2001 年是 1983 年以后出现强沙尘暴次数最多的年份。2005 和 2006 年中国北方又爆发了大规模的沙尘暴。

中国的土地沙化是全球土地荒漠化的一个缩影。

第四节　湿地萎缩

湿地是世界上最高生产力的生态类型之一。湿地仅占地球表面的 6%，却为世界 20% 的物种提供了生存环境。湿地是生物多样性的发源地，提供了水和基本的生物生产力，无数种类的植物和动物依赖湿地生存。

中国湿地具有类型多、数量大、分布广、区域差异显著、生物多样性丰富的特点，几乎囊括了《湿地公约》所定义的所有湿地类型。中国现有湿地总面积约为 5360.26 万公顷，居亚洲第一位，世界第四位。其中，沼泽湿地约为 2173.29 万公顷，河流湿地 1055.21 万公顷，湖泊湿地约为 859.38 万公顷，近海与海岸湿地 579.59 万公顷，人工湿地 674.59 万公顷，浅水海域湿地约 270 万公顷，水库水面 200 万公顷，水稻田 3800 万公顷。湿地在生物地球化学循环中起的作用被人们形象地称为“地球之肾”。然而，随着经济大潮和全球气候变化的到来，中国湿地正变得危机起来，“中国之肾”出现了严重的萎缩。

卫星遥感影像结果显示武汉市湖泊面积从 1987 年的 370.97 平方千米萎缩至 2013 年的 264.73 平方千米，城市中心的部分湖泊因填湖盖楼等原因，已经萎缩成了一小块(新华社供稿)。

左：美国加利福尼亚州东南部的索尔顿湖，近年来污染严重，湖水干涸带来的生态问题影响了整个南加州（新华社供稿）。

右：罗布泊，意为多水汇集之湖，曾经的内陆湖。由于气候变迁及人类水利工程影响，如今已成为荒漠。

在全国范围内，湿地的消失触目惊心。河北省过去50年来湿地消失了90%，即便侥幸存留的湿地，八成以上也变成了污水排放场所。陕西关中一带30多个县，几十年来消失上万个池塘。湖北号称“千湖之省”，而今已经大半干涸。鄱阳湖是中国最大淡水湖，水域面积一直处于明显递减之中。2007年鄱阳湖区大旱，湖畔城市上千万人遭受饮水危机。

干旱、半干旱区的湿地状况更是不容乐观。内蒙古阿拉善盟，由于上游地区大量使用黑河水资源，进入绿洲的水量由9亿立方米减少到现在的不足2亿立方米，致使东西居延海干枯，几百处湖泊消失。新疆塔里木河流域因上游大量开荒造田，造成下游350千米的河道断流，罗布泊早已沦为沙漠。

由于土地紧缺，分布在乡村的各类湿地（池塘、滩涂、湖畔）就成了填塞对象。1958年“大跃进”期间，湖南省对洞庭湖实施“围湖造田”，大批农民迁到湖区，建立了许多大坝，围堵湖水，将历史上的“八百里洞庭湖”变成“三百里洞庭湖”。湖北省也因围湖造田而使湖泊面积不断减少，萎缩后的湖泊已基本丧失了调蓄功能，水旱灾害面积逐年增长。

由于气候干旱、上游水库截流、水污染等原因，地表水或浅层地下水已经不能满足人类的基本生存或者奢侈需求，在水资源利用上，人类将目光盯上了几百米甚至几千米以下的地下水。超采地下水也会造成湿地消失。目前，海河流域地下水超采面积近9万平方千米，占平原面积的70%。地下水的过度开发导致湿地迅速消失。地处“九河下梢”的天津市，半个多世纪前的湿地面积占全区总面积的40%，如今湿地仅占7%。另外，过量开采深层地下水，引起地面下沉。天津市区最大沉降已达3米左右，其中塘沽区已有8平方千米沉降到海平面以下。整个华北地区的地下水过量开采，早已形成了著名的大面积“漏斗区”。地下无水，地上的湿地也难以存在。“华北明珠”白洋淀，自20世纪60年代以来出现7次整体干涸，时间最长的一次达5年之久。

第五节 物种减少

麋鹿是中国特有物种。由于过度猎杀，中国境内的麋鹿在19世纪末灭绝。有几只早年赠予外国的麋鹿在境外幸存并繁衍，使得这个物种得以延续。20世纪80年代，麋鹿以“引进”方式回到了故乡。其中一部分就养在北京南苑的麋鹿园。这是中国境内特有物种灭后复生的悲喜剧。

北京南苑麋鹿园有一组警示性的石碑，上面刻着已消失物种的名字和消失时间，这些消失的物种信息来自国内外确切的学术研究成果或媒体报道。中国也有一些物种刊列在这串警示石碑上。而今，这个名单还在延长。这个延长的名单必然包括华南虎。

华南虎，又叫中国虎或南中国虎，是虎的一个亚种，生活在中国南部。历史上，华南虎分布广泛，密度不低。直到新中国成立前后，全国仍有4000只左右的总量。20世纪五六十年代的“打虎除豹”运动使其种群锐减。那时会根据杀虎捕豹的数量，评选“英雄模范”。杀虎捕豹甚至还是当时“发展生产”的一条创收途径。很快，随着虎豹销声匿迹，这场运动也就黯然收场了。

1980年代初，野外捕到过几只野生虎。此后，科学家、探险家四处寻找，至今未有其实质存在的证据，技术上基本认定，野生华南虎已经绝种。

同华南虎的处境一样，苏门答腊虎正受到偷猎和生境破坏的严重威胁。

2010年，中国的动物园约有100只华南虎，全部都是由近亲繁殖而成。

华南虎在地球上存在了上百万年，才进化成形态完美、生存本能极强的物种，高踞自然界食物链顶端。这样上百万年形成的珍贵物种，竟在短短几十年内就被捕杀尽绝，真是一个巨大的生态悲剧。

虽然尚不清楚野生华南虎消失是否会在生态系统中引起破坏性连锁反应，但可以想象，当我们的子孙看到动物园笼子里的华南虎如此萎靡失神时，未来的孩子们一定会深深失望，更会质疑历史上无数的猛虎传奇。

1990 ~ 2000年，中国组织了三次比较大规模的华南虎调查，基本没有发现华南虎的行踪。这就是说，中国境内即使有野生华南虎分布，其数量也少得可怜，在野外遇到的概率是很小的，且几十头的野外种群，难以支撑华南虎继续存活所需要的繁殖数量。食量大、要求高、威武有余难以接近是华南虎保护的难点。目前全球共剩92只拥有谱系编号的华南虎，分布于全国16家单位和南非野化训练基地。

2006年11 ~ 12月，由中国科学院水生生物研究所、农业部长江渔业资源管理委员会和瑞士白鳍豚保护基金会组织了一次“长江淡水豚类考察”，对自宜昌至上海的长江中下游江段进行了为期38天的往返搜索。此后在国际刊物发表了联合考察的结论性报告正式宣布，考察没有发现白鳍豚，认为白鳍豚在长江中“可能即将灭绝”。实际上，那次考察没有宣布白鳍豚灭绝，但就白鳍豚生存状况而言，科学家给出的结论是“功能性灭绝”。什么是“功能性灭绝”呢？无非是为某物种正式消失之前，发出的“死亡通知书”而已。

20世纪70年代末至80年代早期，长江还有白鳍豚400头左右，到80年代中后期估计还有300头左右，到90年代初期还剩200头左右，至90年代中后期估计就已经不足100头了。不断恶化的长江环境已经不可能使仅存的白鳍豚继续存活下去。白鳍豚的悲剧是人类无休止地攫取大自然的资源、破坏大自然的环境造成的，是近几十年来长江流域经济不可持续性发展的牺牲品。白鳍豚的命运再次给我们的生态环境敲响警钟。

海南霸王岭上的黑冠长臂猿也岌岌可危。这个人类的近缘种属于中国独有物种，由于人类不断蚕食它们的家园，也面临着消失的威胁。20世纪50年代，整个海南岛的热带雨林里都有黑冠长臂猿分布，而今只局限在霸王岭几百平方千米的自然保护区内了。据霸王岭国家级自然保护区介绍，目前只分布黑冠长臂猿22只，能够繁育后代的雌性长臂猿只有7只了。这样小的种群，加上生境的碎片化，只有近亲繁殖。如不加大野外保护的力度，人类不给长臂猿让地盘，这个物种的消失只是时间的问题。

据初步统计显示，中国处于濒危状态的动植物物种为总数的15% ~ 20%，中国已有近200个特有物种消失，有些已经濒临灭绝。如海南黑冠长臂猿和海南黑熊等大大减少；稀有植物如望天树、龙脑香等濒于灭绝；大象、孔雀雉等野生动物等大为减少；麋鹿、野马、新疆虎等20余

甘肃省境内正在迁徙的野骆驼。沙漠和戈壁日益匮乏的水资源，已成为这种极耐饥渴动物的最大威胁。

种珍稀动物已经或基本灭绝。

初步统计还显示，中国有300多种陆栖脊椎动物、约410种和13类的野生植物处于濒危状态。在《濒危野生动植物物种国际贸易公约》列出的640个世界性濒危物种中，中国占了156种，约占其总数的24%。有关专

广东鼎湖山自然保护区——中国第一个自然保护区。建立自然保护区是保护濒危物种的一个好办法，然而有更多需要保护的物种要靠人类自身的觉醒。

家估计，目前中国有 3000 ～ 4000 种植物处于濒危之中。由于物种之间的相互关联、相互制约关系，如果有一种植物灭绝，就会有 10 ～ 30 种依附于这种植物的其他生物消失。

大量物种濒危或灭绝，是环境恶化的明显信号，也是环境破坏的直接后果。

第六节　水土流失

在水力、风力、重力和冻融等外力的作用下，地表土壤及母质、岩石等固体物质会受到各种破坏、移动和堆积，这个过程也会伴随着水本身的损失，这就是广义的水土流失。狭义的水土流失是特指水力造成的表土侵蚀现象。由于水土流失过程中必然发生表土侵蚀，这会使陆地生态系统失去基本的发育基础。

根据中国第二次水土流失遥感调查，中国水土流失面积 356 万平方千米，其中：水蚀面积 165 万平方千米；风蚀面积 191 万平方千米；水蚀风蚀交错区的水土流失面积 26 万平方千米；另有冻融侵蚀面积 125 万平方千米，没有统计在中国公布的水土流失面积当中。造成水土流失的“动力”中，传统的水土流失以水力侵蚀为主，近年来因干旱半干旱区生态退化，风力侵蚀跃居首位，土壤重力侵蚀因人为活动加剧也出现了，它的直观形式就是塌落与滑坡。

水力侵蚀分布最广泛，在山区、丘陵区和一切有坡度的地面，暴雨时都会产生水力侵蚀。它的特点是以地面的水为动力冲走土壤，例如黄河流域。风力侵蚀主要分布在中国西北、华北和东北的沙漠、沙地和丘陵盖沙地区，其次是东南沿海沙地，再次是河南、安徽、江苏几省的“黄泛区”。

左：水土流失往往使当地的水土资源和土地生产力遭到破坏和损失。
右：由于植被破坏，水库坡岸在雨水的作用下出现冲蚀沟，致使坡岸垮塌、泥沙入库（摄影：温晋）。

它的特点是由于风力扬起沙粒，离开原来的位置，随风飘浮到另外的地方降落，例如河西走廊、黄土高原。重力侵蚀主要分布在山区、丘陵区的沟壑和陡坡上，在陡坡和沟的两岸沟壁，其中一部分下部被水流淘空，由于土壤及其成土母质自身的重力作用，不能继续保留在原来的位置，分散或成片地塌落。

我国是个多山国家，山地面积占国土面积的2/3；又是世界上黄土分布最广的国家。山地丘陵和黄土地区地形起伏。黄土或松散的风化壳在缺乏植被保护情况下极易发生侵蚀。大部分地区属于季风气候，降水量集中，雨季降水量常达年降水量的60% ~ 80%，且多暴雨。易于发生水土流失的地质地貌条件和气候条件是造成中国发生水土流失的主要原因。

我国人口多，对粮食、民用燃料需求等压力也大，在生产力水平不高的情况下，对土地实行掠夺性开垦，片面强调粮食产量，忽视因地制宜的农林牧综合发展，导致了生态失衡。大量开垦种地，以至越垦越贫，越贫越垦，生态系统恶性循环；乱砍滥伐森林，甚至乱挖树根、草坪，树木锐减，使地表裸露，这些都加重了水土流失。另外，某些基本建设不符合水土保持要求，不合理修筑公路、建厂、挖煤、采石等，破坏了植被，使边坡稳定性降低，引起滑坡、塌方、泥石流等更严重的地质灾害。

水土流失造成土地生产力下降甚至丧失，其承载的人口数量也随之降低，加剧了人地矛盾。初步统计，我国每年流失土壤50亿吨，土壤中流失的氮、磷、钾肥估计达4000万吨，与中国当前一年的化肥施用量相当，折合经济损失达24亿元。长江、黄河两大水系每年流失的泥沙量达26亿吨，其中含有机肥料相当于50个年产量为50万吨的化肥厂的总量。如此大片肥沃的土壤和氮、磷、钾肥料被冲走了，造成耕地严重退化，土地生产力急剧下降。

黄土高原上河流夹杂着大量泥沙流入清澈的人工湖泊，导致饮用水资源受到破坏。

第七节　干旱肆虐

干旱的直观表现就是天然降水过少导致的土壤干燥，植物生长受阻，乃至枯死。干旱对于生物多样性的成长发育是重大威胁，对生态系统有严重破坏作用。

干旱的成因极为复杂，不能排除人类活动在一定程度上的促推作用。

人口总量及密度迅速增加，工业发展，城市扩张，消费水平不断提高，对水资源的过度和不合理利用引发地下水位严重下降，植被破坏而导致的水源涵养能力削减，灌溉水源地遭受破坏等，都会破坏生态系统的平衡，进一步加剧干旱化的发展趋势。

北方地区气候和环境的干旱化，是我国最为严峻的生存环境问题之一。有资料显示，近50年来北方大部分地区少雨和增温，干旱化继续发展，其中华北和西北东部的干旱化趋势最为显著。半干旱区向东南方向扩展。进入20世纪90年代中期以来，这一问题日益突出。北方干旱化范围迅速扩展，其中1999～2001年的干旱面积超过了北方地区总面积的40%，1999～2003年的5年间，干旱所造成的灾害面积占所有气象灾害面积的60%以上，与前10年的平均值相比增长10%。我国北方干旱化主要表现为：温度升高，蒸发加大，降水量减少，雪线高度抬升，湖泊萎缩，河网干枯（尤其是黄河断流），土地荒漠化，生态系统退化等等。这些问题已经

2014年1月，陕西“粮仓”关中地区冬小麦遭遇干旱，影响到几十万亩冬小麦的土壤墒情(新华社供稿)。

成为国民经济和社会发展的严重障碍。

北方大旱的特点表现在春季降水偏少，入夏后仍不缓解，且遇气温偏高天气，这对作物和草原植物的生长都是致命的灾害天气。有些年份，华北地区中西部、西北地区西部以及内蒙古大部、陕西北部、宁夏、吉林西部等地降水量，进入雨季后的头一个月不足 50 毫米。与常年同期相比，东北地区大部、华北、黄淮西部、江淮及内蒙古大部、陕西中北部等地降水量偏少 30%~80%。华北地区中西部、西北地区北部及内蒙古等地气温较常年同期偏高，其中东北地区大部及内蒙古等地偏高 2 ～ 4℃，黑龙江、内蒙古东北部偏高达 4 ～ 8℃。

在 1999 年，中国北方就爆发过持久的春旱。这一年，东北三省和山东、内蒙古、河北、河南等地尤为严重，其中辽宁和山东的旱灾为新中国成立以来最严重的一年。据统计，1999 年全国春旱最大受旱面积 2333 万公顷，成灾面积 693 万公顷。东北三省受旱面积 733 万公顷，其中辽宁 14 个地市农作物受旱农田 253 万公顷，绝收 26 万公顷，全省因旱经济损失达 30 亿元，粮食减产 290 万吨，造成 960 万人缺少口粮；山东伏旱面积 400 万公顷，绝收 38 万公顷；河北坝上数个县亩产仅 10 余千克。冀北、冀东有 70 万公顷山坡岗地等雨下种；鲁中小麦出现凋萎死亡现象。

占国土面积 40% 的北方地区的干旱化，已成为北方粮食生产、能源基地建设和西部开发的一个主要障碍。吉林西部连年干旱导致的土地荒漠化，使商品粮减产 25% 左右；干旱化使 20 世纪 90 年代黄河中上游的年天然径流量比 50 年代减少了 24.4%，下游实际径流量减少 68%，致使黄河连年断流，每年经济损失超过 100 亿元。据不完全统计，20 世纪 90 年代以来，与干旱化相联系的灾害造成的直接经济损失每年在 1000 亿元以上。

在北方，干旱是土地沙漠化的重要原因。干旱和土地沙漠化又联合起来，导致草原严重退化，载畜量锐减，牧业生产率大幅下降。

如果说北方干旱是自然的原因，但在水热资源丰富的南方如果发生干旱，则是不好理解的。从 2009 年秋季到 2010 年 3 月，广西、重庆、四川、贵州、云南几乎滴雨没下，严重旱情已导致西南 5 省份 6130 多万人受灾，直接经济损失达 236.6 亿元。2013 年夏季，素有江南水乡的我国南方多地创下历史极端高温记录，全国中旱以上干旱面积 80.1 万平方千米，其中湖南 18.8 万平方千米，贵州 15.2 万平方千米，浙江 8.6 万平方千米，江西 8.3 万平方千米。中央气象台连续多次发布干旱黄色预警。针对干旱，要采取主动预防措施。

新中国成立后的 30 年里，国家曾将农田水利基本建设放在首位。以水库为例，截至 2006 年年底，全国已建成水库 8.58 万座，总库容 5800 多亿立方米。然而，这些水库 95% 以上是 1977 年以前完成建设的。最近 30 年来修建的水库不到 4300 座，平均每年只修建水库 143 座。“人造天河”红旗渠，横跨 110 多千米的“汉北河”等大型水利工程，也都是 30 年前建设的。

2013 年 8 月，湖南重旱区邵阳，水库酷似荒漠。其时湖南省已有85%的国土面积发生不同程度的干旱(新华社供稿)。

越来越多的水利建设工地出现。在人们还无法做到平衡自然状态的时候，这也许是人类目前解决干旱问题的一个重要手段。

30 年前的“联产承包”责任制大大调动了农民的生产积极性，在一段时期内起到了促进粮食生产的积极作用。然而，由于长期片面追求 GDP，轻视农业的基础地位，导致现在农业生产的各种矛盾都充分暴露出来了。由于地块被分割成了“豆腐块”，在一些丘陵地或山地，大型农机具施展不开，种地又重回到了畜力甚至人力。由于水利基本设施多年失修，灌溉无望，不少地区的农业重新回到了“靠天吃饭”时代。

因片面追求经济利益，作为控制农业命运的水库很多被承包出去，搞网箱养鱼，或搞旅游开发。因为承包者考虑的是个人利益，水库蓄水抗旱的功能被排在了末位。甚至出现了干旱季节农田急需灌溉时水库不放水，而雨季不需要水时却放水的现象。有的即使水库有水，由于排灌渠道被毁，水路也不畅通。近30年来，很多地方渠道不是被截断，就是被填埋，或退化成污水沟。现在很多水库承包给个人，实际上不利于加强灌溉系统建设和统一调控。把大小水库从承包人手里收回国有，强化农田水利基础建设，有利于大规模抗旱，对排除13亿人吃饭问题的后顾之忧，具有重大意义。

在目前人类掌控的科学技术面前，一定程度的干旱已不是不能克服的难题。关键还需要有效的制度建设，以保证农田水利设施的基本建设与合理利用，这是抵御干旱、保障粮食安全的重要措施。近年来，我国政府已经认识到这个问题的重要性，加大了投资力度，正在改善和加强。

第八节　植被破坏

1965年，美国胡伯德-布卢克林区一条河流上游的38英亩森林被全部砍光，并用除草剂将新长出的小草也全部杀死。这是美国耶鲁大学的科学家们在做一场实验，目的是观察植被消失后的水土和养分流失情况。

跟事前预设并无两样：没有了森林保护，流出峡谷的水量增加了40%；

印度尼西亚苏门答腊岛大量植被被破坏。植被的减少对当地的气候和地质产生了不同程度的影响（新华社供稿）。

钙的流失量增加了10倍；氮由原来每公顷吸收2千克到释放120千克，河水硝酸盐含量超过安全饮用水标准。被砍伐后的峡谷肥沃程度急剧下降，暴发洪水的危险大大增加。造成如此惨重流失的关键原因就是上游森林植被被破坏。

美国人的实验在我国得到了更加惨重、更加触目惊心的验证。

2002年，陕西佛坪一场大水夺去了237人的生命，3103人无家可归，10564间房屋被毁垮。这场水灾来势极猛，24小时内的降水超过400毫米导致山洪暴发，激流推动的大量山石块，小如篮球大如磨盘，满山滚动，杀伤力极大。而这些大石头能够从山上被冲下来，是因为山上的树木遭到了严重砍伐，导致土石裸露，遇到暴雨就立刻酿成大灾。洪水催动“礌石”，毁村伤人，势不可挡，甚至可抗8级地震的三层楼房也不能幸免。不难看到这种灾难形成与森林被毁的直接关联，

2010年8月，甘肃省舟曲县发生特大泥石流灾害，受灾面积达2.4平方千米，受灾人口两万余人。事后经过调查，专家们认为，虽有强降雨的外部因素，但主要是当地生态系统退化，植被减少所致。

历史上我国长江两岸植被良好，李白的诗句“两岸猿声啼不住，轻舟已过万重山”就可以证明。过去是“一江清水入大海”，后来由于上游大量的森林植被被破坏，使水土流失加剧，1998年我国长江、松花江、嫩江流域都爆发了特大洪灾。仅长江水灾造成的直接经济损失就达3000亿元。如果加上灾后重建的开支，则经济“付费”的数额惊人。

从2009年11月起，到2010年4月，云南、贵州、广西、重庆、四川5省（自治区、直辖市），连续半年少降雨，造成西南大面积干旱。然而，旱情刚刚缓解后，进入雨季，水灾又来了。

2010年7月，长江大水再次将国人的心提了起来。7月18日以来，嘉陵江支流渠江、三峡区间中段、金沙江、乌江、沅水、澧水发生了强降水。受暴雨影响，长江多条支流发生了超历史记录的最大洪水。其中，四川渠江广安市城区段水位在基准水位212.38米的基础上，上涨了25.66米，超警戒水位9.16米，这是自1847年以来广安市发生的最大洪水。

提起长江流域的大水，人们很自然记起1998年那场洪水。当时，专家们称1998年大水是继1931年和1954年两次洪水后，发生的一次全流域型的特大洪水。而2010年长江大水的程度和危害，显然又超过了1998年的大水。

2010年7月19～20日，三峡大坝迎来一次峰值在6.5万立方米/秒左右的特大洪水，堪比1998年长江三峡河段的最高峰值，这也是三峡水库建成以来规模最大的一次洪水。

地处湘鄂两省交界处的黄盖湖，因三国名将黄盖曾经在此操练水兵而得名。2010年7月15日21时25分，黄盖湖水位达30.12米，仅比1973年的历史最高水位30.14米低0.02米。临湘市防汛指挥部启动了应急预案，

从卫星云图上看，无人居住区（左图）的植被情况很好，然而人群密集区（右图）的植被状况不容乐观。

采取爆破等措施，向境内源潭、乘风和定湖三个乡镇的7个低洼地带排水。在安徽，4座大型水库、26座中型水库、890座小型水库超汛限水位，抗洪形势异常严峻。

对于近年来频发的长江水灾，专家们本能的解释依然是气候异常导致，是“天灾”。我国长江上游地区，天公总是不作美，前些年连续大旱，西南五省出现了人畜饮水困难；而现在长江上游又大涝。奔腾的洪水无处去，袭击防洪体系脆弱的城市。这从客观上来看，肯定是气候变化的原因。

上游植被破坏，从根本上动摇山体植被对山洪的拦蓄功能，也是产生洪水的重要原因。西南山地由于山高、坡陡、土壤抗蚀性差，加上降水量大，其生态系统实际上是很脆弱的，但这种脆弱性在未受人类干扰的前提下是不会表现出来的。而一旦将天然植被砍伐，普通暴雨就造成洪涝灾害。虽然经济林、人工纯林都属于森林，但它们的水源涵养能力比起天然林来，要差很多。

据研究，24小时之内降雨在200毫米之内的大雨，天然林几乎都能够涵养。一旦降雨强度超过400毫米时，天然林依然能够减弱其破坏力量。而破坏天然林，就等于是给洪水来袭扫清障碍。

第九节　水体污染

2013年3月媒体曝光：位于川滇交界昆明市东川区的“天南铜都”，部分选矿企业为追逐利润，在环保配套设施不完善、未办理环保竣工验收手续的情况下，通过私设暗渠，将含有镉等有害成分的尾矿水直接排入江中，致使江水出现大量乳白色积淀物，绵延数千米，小江变成了臭气扑鼻的“牛奶河”。

骇人听闻的是，这条暗渠用水泥筑成，竟然长达10余千米，每天向小

“牛奶河”事件中被污染的河流(中新社供稿)。

江中排放含镉尾矿水达数千吨。

“牛奶河”的出现，是企业为追求利润最大化而“图财害命”。东川选矿企业日选矿能力少则150吨，多则上千吨。处理每吨铜矿石，除去工人工资、水电、运输等各项开支，利润在5000元/吨左右。如果修建尾矿库，处理1吨尾矿水就将增加成本2000元左右。为了自己增加利益，这些企业宁肯向环境大肆放毒。

在当今的环保制度环境中，守法成本远高于违法成本，也就是说，违法更划算！于是，企业选择违法生产，最终导致“牛奶河”、“墨水河”、“红豆水河”在全国蔓延。水污染引发了大量环境公共事件，全国各地“癌症村”的出现，不停地到处敲打中国环保警钟。但是，钟声震动不了环境污染者的良心，也不足以激起环保执法者的责任心。

打开《中国水污染电子地图》，点击进入北京市所在区域链接，出现在人们面前的是一幅用不同颜色标注的北京市地表水质图。从这张地图上可以清晰地看到，除了远郊区有一些水库、支流为二类水质外，北京市区地表各河、湖几乎全部被劣质的超五类水所覆盖，令人惊心动魄。

在地图下面，针对“谁在毒害家乡的河流”这个问题，列出了污染企业就有几十家，而前十名中，国有大企业、市级产业基地赫然在列。在全国其他地方，另外一些信息更为完备的地级市地图上，污染企业的具体地理位置已经被标明，暴露在公众的视野之中。

过去几年来，中国共发生140多起比较严重的水污染事故，平均每两三天便发生一起与水有关的污染事故。而据监察部统计，近几年全国每年大小水污染事故在1700起以上。中国水污染到了集中爆发期，直接危害的是百姓饮水安全。国家环保部披露，“全国地表水源不达标城市占检测目标的 34%”；同时，国家水利部也披露出一组令人揪心的数字：目前全国有 3.2 亿农村人口喝不上符合标准的饮用水，其中约 6300 多万人饮用高氟水，200 万人饮用高砷水，3800 多万人饮用苦咸水，1.9 亿人饮用水有害物质含量超标。全国 113 个重点监测城市饮用水源地水质达标率仍然偏低，其中 243 个地表水水源地中达标水源地为 159 个，占到 65%；不达标的为 84 个，占 35%，涉及 16 个省（自治区、直辖市）的 40 个城市。水污染作为一个严重的公共危机正以超常的分量，挑战着中国政府的决策水准与能力。

三四十年前，人们在野外旅行，到处都能喝到水，至少喝生水是非常普遍的。那个时候，出门喝生水(包括河水、井水甚至是塘水)不生病的秘招就是生吃大蒜，即出远门兜里就装着大蒜，用大蒜进行简单消毒。当时的淡水中除了可能有少量的大肠杆菌外，重金属等污染物是不存在的。现在没有人敢直接饮用河流、湖泊与井塘中的生水，而只能喝瓶装矿泉水。瓶装矿泉水的持续畅销跟人们普遍担忧饮用水质有直接关系。

成千上万的企业排污，足以将全国的干净水污染一遍了。江河湖泊虽然有一定的自净能力，但也架不住如此多的企业来排污。

工业化造成的水污染能够严重到怎样的程度呢？可以看看世界上的先例。

横贯英国的泰晤士河是英国的母亲河。19 世纪之前，泰晤士河河水清澈，人们可以在河里游泳、钓鱼，但工业革命的兴起及两岸人口的激增，使泰晤士河迅速变得污浊不堪，水质严重恶化。1878 年，“爱丽丝公子”号游船不幸沉没，造成 640 人死亡。事后调查发现，大多数遇难者并非溺水而死，而是因河水严重污染中毒而死亡的。而 20 世纪 50 年代末，

巴西里约热内卢罗德里戈·德弗雷塔斯湖成千上万条鱼因水质污染死亡（新华社供稿）

泰晤士河的污染进一步恶化，水中的含氧量几乎等于零，鱼类完全消失。1849 ~ 1954 年，滨河地区约 2.5 万人死于霍乱。

早在 20 世纪 50 年代初，莱茵河是一条美丽的河流，人们可以直接饮用河水，但 20 世纪 50 年代末，德国开始了大规模的战后重建，大批能源、化工、冶炼企业同时向莱茵河索取工业用水，同时又将大量废水排进河里，使莱茵河水质急剧恶化。在污染最严重的 20 世纪 70 年代，莱茵河成了一条臭水河，水生生物几乎绝迹。

如果不加以重视和严治，西方工业化国家过去水环境污染的惨剧就会很快在中国重演。如今，泰晤士河与莱茵河都已经因治理而重归清澈。这就证明，臭水河也可以治理好。关键看政府肯不肯下定决心，拿出有效措施来治理包括治本治标。

第十节　土壤污染

镉、汞、铅、铬、砷这 5 种重金属被称为重金属“五毒”。过量进入人体能够致癌，或造成其他严重疾患。20 世纪 70 年代，日本曾大面积出现“骨痛病”，就是民众食用了被镉污染的大米而引起的。“骨痛病”的初始表现是周身关节疼痛，行动困难，步态摇晃。加重后骨骼会变形，体长缩短，骨脆易折，骨痛难忍，卧床不起，呼吸受限，直至在剧痛和衰竭中死亡。日本镉中毒造成的“骨痛病”曾是震惊世界的环境公害病。

2013 年 2 月 27 日，《南方日报》报道了重金属镉超标大米流入广东市场之事。到 2013 年 5 月下旬，广东省食品安全办公室公布了多批次大米的抽检结果，镉超标情况相当严重。

真是一石激起千层浪，全国各地都纷纷警觉起来，普遍抽查本地市场上的大米来自哪里，是否镉超标。

在化学元素周期表里一直默默无闻的“镉”开始名“震”天下，大家耳闻了“吃镉”的后果，致使所有人谈镉色变。

中国有些地方的大米镉超标“由来已久”。2002 年，农业部稻米及制品质量监督检验测试中心对全国市场稻米进行抽检。结果发现，镉超标率 10.3%。

2007 年，南京农业大学农业资源与生态环境研究所教授潘根兴和他的研究团队，在东北、西南、华北、华东、华中、华南六个地区县级以上市场，随机采购大米样品 91 个。化验结果表明，10% 左右的市售大米镉超标。以上两个调查相互印证，共同显示出问题的严重性。

稻米中的镉是从哪里来的呢？多部门的共同调查研究证实，含镉的工业废水排放污染了水源，含镉污水通过灌溉污染了土壤，扎根土壤的水稻自然会有所吸收。镉就这样进入了人类的食物链。

有毒重金属污染是土壤污染中极为严重的类型。

2013年12月30日，在国务院新闻办的发布会上，国土资源部官员称，全国中重度污染耕地大体在5000万亩。相当部分是严重的土壤重金属污染。这种污染在经济发达的珠三角和长三角，表现突出。致使有些土地基本丧失生产力，成为“毒土”。

有害物质过多进入土壤，土地自净能力难以消化，引起土壤成分和结构形态发生恶性变化，微生物正常活动受到抑制，以致土壤的健康生态功能和为人所用的生产力受到破坏，这就是土壤污染。

土壤污染物大致有四类：一是化学类污染物。包括无机污染物和有机污染物。无机污染物主要是重金属、酸、碱，以及某些无机化合物等；有机污染物主要包括石油、合成洗涤剂、有机农药、酚类等。二是物理污染物。如来自工厂和矿山的尾矿、废石、粉煤灰和工业垃圾固体废弃物，散落田间的各种农用塑料薄膜残碎片，等等。这样的固体污染物不易被土壤微生物分解，是一种长期滞留土壤的污染物。三是生物污染物。指带有各种病菌的城市垃圾和废水、废物等。四是放射性污染物。主要存在于放射性金属开采区，以及天然存在的衰变期较长的放射性元素被强风和流水带入土壤。还有人造放射性物质的误放。放射性物质造成的土壤污染面积是

严重的重金属污染，让土地呈现各种不正常的“色彩”（新华社供稿）。

极少量的。主要的土壤污染物还是前三类。

污染物进入土壤的途径很广泛。包括：废气中含有的污染颗粒物沉降而进入土壤，例如，工业烟囱排放的含金属氧化物粉尘落地入土；汽油中添加的防爆剂四乙基铅随尾气排出落地，在行车频率高的公路两侧土地常形成明显的铅污染带；污水流渗也是造成土壤污染的常见形式；还有固体废物中的污染物直接掺入土壤；工业排放的氧化硫、氧化氮等有害气体在降水过程中形成酸雨，落地引起土壤酸化；垃圾堆积场所的土壤直接受到污染，乃至二次扩散后形成更大范围的土壤污染。等等。

土壤污染的更普遍形式是化肥和农药的污染。中国的化肥和农药使用量均为全球第一。化肥超量使用造成土壤有机质含量下降，土壤板结。而农药过量使用对土壤损害更大。有测算表明，现在的农药使用方法仅有0.1%左右可以作用于目标病虫，在另99.9%的农药中有一部分飘逸于大气环境，有些残留于农作物，绝大部分进入土壤造成土壤的重金属和激素污染，导致农作物的产量与品质下降。

农药在杀虫防病的同时，也使有益于农业的微生物、昆虫、鸟类遭到伤害，农田生态系统中的生物多样性因此不断减少。例如，蚯蚓的存在是土壤质量的重要指标。农药的长期大量使用，使得土壤中的蚯蚓及各种有益菌大量消失，害虫天敌青蛙的数量锐减，使得天敌和害虫的平衡关系被打破。

土壤是陆地生态系统中最主要依赖的物质和能量交换媒介，是陆生生命孕育和生长的母体。土壤污染对陆地生态系统而言，是毁灭性的灾难。而且土壤与水域、大气之间关联密切，一旦土壤发生污染，会在水环境和大气环境中引起污染的关联传递，从而加剧生态危机。

绝大多数污染都会直接或间接变成人类的损失，土壤污染更不例外。据估计，中国每年因土壤污染导致粮食减产超过100亿千克。环保部门估算，全国每年重金属污染粮食总量高达1200万吨，造成直接经济损失超过200亿元。

第十一节　大气污染

大气污染是指大气中污染物质的浓度过高，以致破坏了生态系统和人类正常生存条件，对人和物造成危害的现象。

大气污染对地球生态系统具有非常有害的影响，它可以使植物生长变慢、产量降低、质量下降、直至枯死；同时严重损害人类健康。

造成大气污染的原因包括两方面，即人类活动和自然因素。其中人类的活动是造成大气污染的主要原因，如工业废气、化石能源燃烧等。人类的生产和生活活动把大量的污染性组分排入大气，严重影响了大气环境。自然因素如森林火灾、火山爆发等等也会对大气造成严重污染。

人类活动对大气的污染可分为三类，即工业污染源、生活污染源和交通运输污染源。工业污染源是最主要的大气污染源，火力发电、炼钢炼铁、化工、水泥制造等，都会向大气排放大量的污染物。对大气造成污染的生活污染源则主要是家庭炉灶、取暖设备、生活垃圾等。交通运输污染源主要是指交通工具的尾气排放。其中，机动车是最大的污染源。

2010 年，国家环保部对全国大气污染摸底清查结果触目惊心。已查明的各类源头废气排放总量为 63.7 万亿立方米，相当于每个中国人呼吸了 4.7 立方米的废气！工业废气排放量中，二氧化硫 4345.4 万吨，烟尘 48927.2

工厂排污严重污染周边环境

万吨，氮氧化物 1223.9 万吨，粉尘 14731.5 万吨。其中，浙江、广东、江苏、山东和河北工业污染源数量居前 5 位（分别占全国工业污染源总数的 19.9%、17.1% 、11.8%、6.1% 和 5.1%）。这些严重污染地区及其周边，空气质量长期处于中度污染状态。

二氧化硫排放量居前几位的行业是：电力热力生产和供应业、非金属矿物制品业、黑色金属冶炼及压延加工业、化学原料及化学制品制造业、有色金属冶炼及压延加工业、石油加工炼焦及核燃料加工业，这 6 个行业排放量合计占工业源二氧化硫排放量的 88.5%。烟尘排放量居前几位的行业是：电力热力生产和供应业、非金属矿物制品业、黑色金属冶炼及压延加工业、化学原料及化学制品制造业、造纸及纸制品业、农副食品加工业，上述 6 个行业烟尘排放量合计占工业源烟尘排放量的 83.4%。

国外媒体曾经报道，因空气污染，全球卫星照片拍不到的 10 个城市中，7 个在中国。

2013 年 1 月 30 日，雾霾对北京市内的几条高速路影响严重，京哈、京平、京沪高速被迫封闭，首都国际机场受到平流雾影响，三条跑道能见度一度下降至 200 米以下。这一天，首都机场被迫取消航班 49 架次。

2013 年 7 月 31 日，环境保护部发布的结果显示，6 月份及上半年京津冀、长三角、珠三角和 74 个城市空气质量状况显示，京津冀地区空气质量重度污染以上天次占 21.2%；京津冀地区空气质量平均达标天数比例仅为 24.2%，主要污染物为 PM2.5；长三角地区空气质量平均达标天数比例为 67.4%，主要污染物为臭氧。中国的城市大气污染几乎达到了触目惊心的地步。

雾霾下的北京（上图）和天气晴好时的北京（下图）对比（新华社供稿）

石家庄市开展对过剩产能水泥厂集中拆除，这对大气质量改善将起到明显的促进作用(新华社供稿)。

2013年11月，一场罕见的大范围雾霾笼罩我国，近一半国土被覆盖，25个省份不同程度出现雾霾天气，104个大中城市出现严重雾霾。高速封路，机场“停摆”，工地停工，学校停课，一时间搞得人心惶惶，大气环境一夜间变成了一个热门话题。

雾霾天气的罪魁祸首主要是二氧化硫、氮氧化物和可吸入颗粒物。尤其是颗粒物与雾气结合在一起，会让天空变得阴沉灰暗，形成雾霾。颗粒物的英文缩写为PM，直径小于或等于2.5微米的颗粒就叫PM2.5，而直径小于10微米的则叫做PM10。

雾霾是多雾少风等异常天气、人为污染排放、浮尘和丰富水汽共同作用的结果。其中，人类污染物排放是造成雾霾天气的内因，空气中可溶性污染物增加是外因。大气污染物遇到浮尘矿物质凝结核后，会迅速被包裹，形成混合颗粒，再遇到较大的空气相对湿度后，就会很快发生吸湿增长，颗粒的粒径增长2倍至3倍，消光系数增加8倍至9倍，而能见度下降为原来的1/8至1/9。

雾霾是最近几年来严重空气污染的集中爆发形式。在很长一段时间内，中国空气污染的元凶还是二氧化硫、氮氧化物、臭氧、总悬浮颗粒物这些老问题。农村原野上的雾即使浓得对面不见人，也没有害，因为它就是水蒸气。但城市的雾霾就不同了，它混有严重的空气污染物，这样的“雾”是能够“杀人”的。

空气污染为什么会升级呢？这是由于工业化和城市化进程不断加剧而引起的。过去，治理空气污染，基本靠风吹。因为没有那么多的高楼大厦阻挡，一些污染物被风力带到了田野或海洋。而今，只要有静风天气，我们就不得不呼吸含有雾霾的空气了。

由于大气圈经常处于流动状态，因此大气污染极容易扩散，经常造成全球性影响。

第十二节 气候变暖

全球气候变暖是指全球气温升高，导致地球气候变化。全球气候变暖已经是“毫无争议”的事实。最近100多年来，全球平均气温经历了“冷－暖－冷－暖”两次波动，总的看为上升趋势。进入20世纪80年代后，全球气温上升得更加明显。1981～1990年全球平均气温比100年前上升了0.48℃。这被归咎于地球出现的“温室效应”。

造成地球温室效应的气体称为“温室气体”。这些气体有二氧化碳、甲烷、氯氟化碳、臭氧、氮的氧化物和水蒸气等，其中最主要的是二氧化碳。

碳是地球生物圈中非常重要同时也是非常活跃的元素之一。碳的原子序数是6，即含6个质子，原子量为12.011。整个有机化学就是碳的化学。在生命世界里，太阳能被吸收到含碳化合物中，才得以转移并传递下去。没有碳的参与，太阳能无法进入到食物链中。碳在高等植物气孔之外的时候，是以二氧化碳形态存在的，是一种无机物，自由飘逸。二氧化碳进入植物气孔之内，经过植物光合作用，将碳固定下来，成为含氢的碳链，进一步代谢，生成蛋白质、脂肪、纤维、木质素等大分子产物。陆地上，除植物外的一切生命，当然包括我们人类自己，都要依靠植物固定的能量和

甘肃省境内的透明梦柯冰川。据监测，受气候变化影响，该冰川在50多年中退缩了300多米。预计到2050年，整个祁连山区面积在2平方千米左右的小冰川将基本消失，大型冰川也将难以支撑(新华社供稿)。

合成的物质而生存。动植物死亡后，微生物负责把它们体内的碳还原到大气中；来不及还原的，借助地质作用，变成地下沉睡的煤炭、石油、天然气；海洋里也储存了大量的碳。

在工业革命发生以前，大气中以二氧化碳形态存在的碳元素和被以各种形态固定的碳元素，在生物界的循环是自然平衡的。经历了几百年工业化进程，大量使用化石燃料，大气中的二氧化碳浓度明显增加。

工业革命前，大气中二氧化碳的浓度为 270 毫克 / 千克，目前已经是 390 毫克 / 千克，且有继续增长的趋势。科学家预测，全球二氧化碳浓度将在本世纪中叶达到 700 毫克 / 千克。

以二氧化碳为主的温室气体对来自太阳的短波辐射具有高透过性，而对地球和低层大气放射的长波辐射具有高吸收性。白天，进入大气顶的短波太阳辐射，一部分被地表，云和大气反射离开大气顶，大约 51% 左右被地球表面吸收，大约 19% 被云和大气吸收。在地球表面，云和大气也向外空放射红外长波辐射，一部分被大气吸收，其余部分离开大气顶进入太空。当地－气系统吸收的短波太阳辐射与由它放射并离开大气顶的长波辐射相等时，地－气系统处于热力平衡状态。现代工业大量使用化石燃料（如煤、石油等），过度排放的二氧化碳等气体弥漫于大气中，加强了对放射长波辐射的吸收，使得离开大气顶的长波辐射减少，地球的辐射收支为正值，增加的辐射能导致地－气系统平均温度的升高。这就造成了“温室效应”。简言之，二氧化碳之类的气体留住了较多热量，让地球散热变慢，使得地球有些“发烧”。

近年来，随着全球气候变暖，格陵兰岛大部分冰盖表面出现融化，沿海裸露陆地逐渐扩大（新华社供稿）。

北极熊常年生存于极地海洋的浮冰上面，一旦浮冰消失，北极熊命运堪危。

全球平均温度升高将使全球降水量重新分配，冰川和冻土消融，海平面上升等，既危害自然生态系统的平衡，更威胁人类的食物供应和居住环境。根据气候模型预测，到 2100 年，全球气温估计将上升大约 1.4 ~ 5.8 摄氏度。根据这一预测，全球气温将出现过去 1 万年中从未有过的巨大变化，从而给全球环境带来潜在的重大危机。

为了阻止全球变暖趋势，1992 年联合国专门制订了《联合国气候变化框架公约》，该公约于同年在巴西里约热内卢签署生效。截止到 2004 年 5 月，已有 189 个国家正式批准了上述公约。遗憾的是，气候变化在某种程度上是一种政治之争。在这关乎人类共同命运的重大环境问题上，作为温室气体排放量最大国家的美国拒绝行动。美国曾于 1998 年签署了《京都议定书》，但 2001 年 3 月，它以“减少温室气体排放将会影响美国经济发展”和“发展中国家也应该承担减排和限排温室气体的义务”为借口，退出了京都议定书。这一行为所产生的消极影响是巨大的。

人类要实现碳减排目标，需要走的路还有很远很远。

侵害生态系统和人类生存环境的污染还有很多种类，例如，酸雨蔓延，氟利昂排放破坏臭氧层，垃圾的肆意堆放，噪音污染，辐射污染等等。任何一种不考虑环境承受方式的排放与干扰，都可能造成污染。这就需要人类深入认识环境，爱护生态，尽一切可能，把人类对于环境的破坏与干扰降到最低，以实现人与环境的和谐相处，这才能够让生态系统自己健康发育，同时为人类幸福而正常工作。

Chapter 6

第六章 理性的觉醒

人类生态意识的觉醒过程是艰难的。
人类为此所付出的代价惨痛至极。
而且，
在不同的人和不同的国家那里，
由于受教育程度和文明发育程度的不均衡，
其觉醒程度也有深浅不同和范围大小的差异。
中国处在后发型工业化社会，
传统工业化的严重污染问题在中国暴露得较晚，
社会对这个问题觉醒得也较晚。
但总算“醒了”。
无论如何，
醒了就好。
如果执迷不醒，
那将多么可怕。

第一节　生态危机与人类生存

人类诞生之前，地球生物圈中就存在生态危机。前人类时代的恐龙灭绝就是地球生态危机的直接结果。在人类诞生之前，地球生态危机多属于自然演化过程中的自然现象。

人类出现在生物圈中之后，自然演化过程中产生的生态危机依然存在。例如冰河期造成的生态危机。人为活动也开始制造不同形式和不同影响程度的生态危机。两河文明、玛雅文明、楼兰古国等诸多文明的消亡，就与人类对地表过度垦殖，造成植被破坏、水土流失、土地沙化等后果有关。

进入工业文明时代，人类对环境的干扰破坏作用越来越大。不顾及环境保护的常态化工业污染，以及快速发生的重大工业事故，都直接演变为生态危机。这些生态危机会直接演变为人类的生存危机。

谈到环境严重污染导致的人类生存危机，人们经常会列举美国《时代》杂志评出的“十大环境灾难事件”：

1. 比利时的马斯河谷事件

比利时的马斯河谷地处空间狭窄的盆地，聚集着烟尘排放量较大的工

守望千年，如今只剩黄土一掬。人为破坏对文明的摧残可见一斑。图为楼兰文物保护站（新华社供稿）。

厂。1930年12月1～5日，气温逆转导致工厂中排放的有害气体在盆地一带凝聚不散。3天后人群中开始有身体不适反应，症状表现为：胸痛、咳嗽、呼吸困难等，一星期内有60多人死亡，其中心脏病、肺病患者死亡率最高。同时许多家畜致死。

事后分析认为，此次污染事件，是几种有害气体同煤烟粉尘对人体综合作用所致。

2. 美国多诺拉事件

多诺拉是美国宾西法尼亚州的一个河谷小镇，环境相对封闭，硫酸厂、钢铁厂、炼锌厂集中，烟雾和粉尘排放量巨大。1948年10月26～30日，气候原因导致烟雾浓度加大，全镇43%的人口出现喉痛、流鼻涕、干渴、四肢酸乏、咳痰、胸闷、呕吐、腹泻等症状，死亡17人。据估计，事件发生期间，二氧化硫浓度为正常值的数倍，空气中的颗粒物也明显偏高。分析认为，主要致害物是二氧化硫与金属化合物粉尘相互作用的生成物。

3. 英国伦敦的烟雾事件

1952年12月5～8日，伦敦被浓雾笼罩。这期间许多人突患呼吸系统疾病，伦敦的各家医院很快被住满。4天中，死亡人数较常年同期增加4000多人，约是平时死亡人数的3倍，1岁以下的婴幼儿死亡较平时增加1倍。事件发生的1周中，因支气管炎、冠心病、肺结核、心脏衰竭而死亡的人数分别是平时同类病死亡人数的9.3倍、2.4倍、5.5倍、2.8倍，因肺炎、肺癌、流感等呼吸系统疾病死亡的人数较平时均有成倍增长。事件后的两个月里又有8000多人死亡。事件期间，空气中尘粒浓度最高达每立方米4.46毫克，为平时的10倍。二氧化硫的浓度最高达平时的6倍，与水雾形成硫酸，凝在微尘上，形成致人死亡的酸雾。

1952年伦敦烟雾事件为人类留下了深刻的教训，同时也推动了英国环境保护立法的进程。图为2014年3月伦敦晴好的天气。

4. 美国的洛杉矶光化学烟雾事件

20世纪40年代初期，洛杉矶人口剧增，汽车达数百万辆。每年5～8月，在强烈阳光的照射下，城市上空常常出现浅蓝色烟雾，致使整座城市变得浑浊不清。这种烟雾刺激引发喉头炎、头痛等许多疾病。大量城市居民因此而深感不适。研究发现，大量汽车尾气在强烈阳光的照射下发生一系列化学变化，就形成了这种浅蓝色烟，称之为光化学烟雾。洛杉矶光化学烟雾事件是汽车尾气造成污染公害的典型实例。

5. 日本水俣事件

日本南部九州湾小镇水俣居住着4万居民，以渔业为生。1939年开始，本地工厂的生产废水一直排放入水俣湾，废水中含有大量汞。汞进入鱼的食料，在鱼体内转化成有毒的甲基汞。人食用鱼后，汞在人体内聚集从而产生一种怪病：患者起初口齿不清，步履蹒跚，继而面部痴呆，全身麻木，耳聋眼瞎，最后变成精神失常，直至躬身狂叫而死。

1972年统计，水俣镇共患水俣病180人，死亡50多人。据报道，患者人数远不止此，仅水俣镇的受害居民即达万余人。

6. 神东川的骨痛病

日本富川平原上的神东川原是一条清澈的河流。自从三井矿业公司在神东川上游开设炼锌厂后，沿河青草有枯死现象。1955年以后就流行一种怪病，解剖死者发现全身多处骨折，甚至达数十处，身长也缩短几十厘米。到1963年查明，骨痛病与炼锌厂的废水有关。原来，炼锌厂成年累月向神东川排放的废水中含有金属镉，两岸农民引河水灌溉，便把镉带到土壤里，转入稻谷中，两岸农民饮用含镉水，食用含镉米，便使镉在体内积存，最终导致骨痛病。有报道说，到1972年3月，骨痛病患者已达到230人，死亡34人，并有一部分人出现可疑症状。

7. 日本四日市事件

四日市位于日本东部海湾。1955年这里相继兴建了十多家石油化工厂，化工厂终日排放含二氧化硫的气体和粉尘，使空气污浊不堪。1961年起，呼吸系统疾病开始在这一带蔓延。患者中的慢性支气管炎占25%，哮喘病患者占30%，肺气肿等占15%。1964年，这里曾经有3天烟雾不散，哮喘病患者中不少人因此死去。1967年一些患者因不堪忍受折磨而自杀。1972年全市哮喘病患者达871人，死亡11人。

8. 日本米糠油事件

日本九州爱芝县有工厂生产米糠油，在脱臭过程中，使用多氯联苯作载体，致使米糠油中混入了多氯联苯，结果有1400人食用后中毒。4个月后，患者猛增到 5000 余人，并有 16 人丧生。这期间实际受害人在 13000 人以上，而且由于米糠油中的黑油做家禽饲料，造成数十万只鸡死去。

9. 苏联切尔诺贝利核泄漏事件

1986 年 4 月 26 日凌晨 1 时，苏联切尔诺贝利核电厂第 4 号反应堆发生爆炸，放射性碎物和气体冲上 1 千米高空。这次核泄漏造成苏联 1 万多平方千米的国土受污染，其中乌克兰有 1500 平方千米的肥沃农田因污染而废弃荒芜。被污染的农田和森林面积大约相当于美国弗吉尼亚州的面积。乌克兰有 2000 万人受放射性污染的影响。截至 1993 年初，大量的婴儿成为畸形或残废，8000 多人死于和放射有关的疾病。其远期影响在数十年后仍会产生作用。

10. 印度博帕尔事件

1984 年 12 月 3 日，美国联合碳化公司在印度博帕尔市的农药厂发生爆炸，地下储罐内剧毒的甲基异氰酸脂外泄。45 吨毒气形成浓雾，以每小时 5000 米的速度袭击了博帕尔市区。死亡近两万人，受害 20 多万人，5 万人失明，孕妇流产或产下死婴，受害面积 40 平方千米，数千头牲畜被毒死。

这些人为的环境灾难都对发生地的生态和社会民生造成了巨大损害。它们以极端的方式宣告，生态危机直接就是人类的生存危机。人类不能解决好生态问题，也就无法解决好自己的生存问题。

美国《时代》杂志评出的十大环境灾难，没有发生在中国的。但这绝不意味着中国就没有生态灾难。民勤绿洲沙化就是一个典型事例。甘肃河

印度博帕尔事件后，世界各国化学集团改变了拒绝与社区通报的态度，加强了安全措施。图为印度博帕尔的人们在万灵节纪念逝去的亲人(新华社供稿)。

西有一条石羊河，是祁连山终年积雪和冰川融化形成的水系。民勤绿洲就是石羊河延伸到腾格里沙漠腹地出现的泽国景观，它位于甘肃省河西走廊东端民勤县。

民勤历史悠久，人杰地灵，史记有人类活动4000多年，设郡置县有2100多年。由于石羊河流量大，冲积范围广，从南向北，经武威向民勤流淌，顽强地深入腾格里沙漠和巴丹吉林沙漠之中，浇灌出长140多千米、宽40多千米绿洲沼泽平原。绿洲内，水草茂盛，林木葱郁，历经战国、汉、隋、唐、宋、元、明、清，止公元1840年，达1260多年之久，直至19世纪后期，全县仍有上百个湖泊。新中国成立初的青土湖还有100多平方千米的水域。一些老人回忆，那时湖水很深，四周芦苇一人多高。

从太空看地面，民勤绿洲像是插在腾格里和巴丹吉林两大沙漠中间的一个绿色“楔子”，形成了一道天然屏障，扼住了沙漠南移的咽喉，阻止两大沙漠合拢。

长期以来，人们对自然资源大量索取，对生态系统不断破坏，民勤这个历史上的泽国变成了沙国，满目黄沙如海，找不到湖的痕迹。荒漠化面积占整个民勤面积的94%，25万亩耕地弃耕，10万亩耕地沙化，395万亩草场退化，58万亩林地沙化，13万亩沙枣和35万亩红柳处于死亡半死亡状态。全县被沙埋没的村庄达6000多个。

漫天的黄沙，逼走了世世代代生活在这里的人们，从清朝开始，民勤已经有60多万人迁离故土，沦为“生态难民”。

所幸的是，民勤绿洲沙化给人类敲响了警钟，人们开始觉醒，开始抗争。当然恢复代价是昂贵的，时间是漫长的。

最近十多年，源于环境重度污染的中国癌症村，屡屡见诸报端和学者研究报告。这其实就是严重的生态灾难。

2009～2011年，陕西凤翔、湖南武冈、福建上杭、广东清远、湖南嘉禾、湖南郴州、湖北崇阳、河南济源、安徽怀宁、浙江台州、浙江湖州、广东紫金等地相继发生了“血铅超标”事件。这些铅中毒事件均与当地企业的污染排放有关。

2012年1月，广西龙江河突发严重镉污染，污染河段长达约300千米，引发了举国关注的“柳州保卫战”。2013年上半年，国家环保部共查处了47起重点环境污染事件。

2013年下半年，我国中东部地区普遍出现雾霾天气。遍及半个中国的雾霾就是以严重大气污染为表现形态的生态灾难。

遭受现代工业排放物污染的大气中，常含有数十种致癌物质，随着工业和交通的发展，其含量和种类越来越多。

大气污染主要通过三个途径危害人体，一是通过呼吸，二是借助饮水、饮食进入人体，三是通过皮肤渗入人体。大气污染对人的危害大致可分为急性中毒、慢性中毒和致癌三种。急性中毒事件在历史上屡屡发生。

左：树立在杭州市环境监测中心站朝晖监测点的PM2.5监测设备（新华社供稿）。

右：在雾霾天气里，市民纷纷戴上口罩抵御被污染的空气（新华社供稿）。

最近几年北京雾霾出现时，医院呼吸病人明显增多，就是一种“生态灾难的后果”。

呼吸疾病专家指出，空气中直径小于10微米的气溶胶，能直接进入并黏附在人体上下呼吸道和肺叶中，引起鼻炎、支气管炎等病症，长期处于这种环境会诱发肺癌。

实际上，从工业化开始后至今的数百年间，世界各地发生过无数人为的生态灾难，而且基本上是工业化程度越高，生态灾难的破坏性越大。有些生态灾难的影响是小范围的，有些则是大范围，甚至全球性的。例如，大气中二氧化碳浓度提高导致的全球气候变暖。在过去的一个世纪里，全球表面平均温度已经上升了0.3～0.6℃。目前地球大气中的二氧化碳浓度已由1750年工业革命之前的280mg/kg增加到了近360mg/kg。据1996年

在全世界10个最可能面临海平面上升威胁的城市中，有3个是东亚城市：上海、广州和大阪/神户。图为印控克什米尔列城洪灾，当地居民在雨中划船（新华社供稿）。

政府间气候变化小组发表的评估报告表明：如果世界能源消费的格局不发生根本性变化，到 21 世纪中叶，大气中的二氧化碳浓度将达到 560 毫克 / 千克，全球平均温度可能上升 1.5 ～ 4℃。

全球气温升高半度已经导致海平面上升了 10 ～ 25 厘米。上升三四摄氏度的时候将如何？科学家早有测算，这种程度的全球变暖将导致海平面更高抬升，淹没大面积低海拔平原，而那些淹没区大多是世界上人口最密集、经济最发达的滨海地区和海滨城市。全球变暖还将导致大范围干旱和土地沙漠化，生物多样性失衡，等等。

清醒地预见灾难，精确评估灾难，不是为了制造恐慌，而是为了提早规避灾难，或在生态灾难发生时予以有效防范。这是人类理性觉醒的重要表现和实际意义。

第二节　人类的觉醒历程

1952 年，英国伦敦爆发烟雾事件，导致许多人死亡和患病，举国哗然，世界热议。这个严重的环境污染事件成为世界环境污染史上的“经典案例”。言及污染，总被提到。

伦敦市区，一座正在被拆除的烟囱。

这个事件让伦敦市民和市政府痛心疾首。1954 年，伦敦市政府以地方特别法案的形式，出台《伦敦市法》(City of London (Various Powers) Act 1954)，对造成污染的能源予以必要的限制性使用。

“人类是自然的一部分，对自然宣战必定伤害自己。”
——雷切尔·卡森

英国首都严重的污染当然也让英国政府极为关注，1956 年，英国议会通过了《空气清洁法》(Clean Air Act)，制定了明确的大气污染治理措施，推动市民家庭转向天然气取暖，伦敦城内的火电厂关闭、从城里迁出等。《空气清洁法》甚至还规定，造成烟囱排放浓烟者，不论其是否有意或无意，都要负刑事责任。

1956 年的英国《空气清洁法》是世界上第一部空气污染防治法案。它是英国对空气污染深切警醒的表达，是反思的成果，更是明确治理的坚定措施。到 1968 年，1956 年起实施的《空气清洁法》到期，英国新的《空气清洁法》接续出台，内容更加细致周全。周密立法加上严格执法和长期全面的有效努力，终于止住了伦敦的空气污染。

环境意识的深刻觉醒和随之而来的有效行动，二者并协共进，才能实现全面的生态保护与建设。

1992 年，一组美国知名人士应邀挑选出一本出版于 20 世纪上半叶、对人类的思维和行为产生深刻影响的书籍活动中，雷切尔·卡森所著的《寂静的春天》成为众人首选。

耶鲁大学历史学家丹尼尔·凯维勒斯 (Daniel J. Keveles) 写道：“卡森的书大概比任何出版物或事件都更有效地启动了从 60 年代兴起的新的环境运动。”

美国前副总统阿尔·戈尔后来在新版《寂静的春天》的前言中写道：“作为一位被选出来的政府官员，给《寂静的春天》作序有一种自卑的感觉，因为它是一座丰碑，它的思想力量比政治家的力量更强大”。

雷切尔·卡森长期质疑强效化学杀虫剂的滥用，忧虑化学杀虫剂对环境可能造成的不良影响。卡森发现，化学杀虫剂撒下之后固然杀死了害虫，但一些益虫也会无辜受害。例如蚯蚓。受滴滴涕之害的蚯蚓，还会毒死吃蚯蚓的鸟。有害物质被其他生物体消化吸收，并进入食物链。

数年的实地观察和深入研究，促使卡森决意公布杀虫剂滥用对环境造成巨大损害的事实。

卡森的书稿于 1962 年 6 月开始由《纽约客》杂志连载。马上引起了广泛的社会关注。《寂静的春天》于 1962 年 9 月“足本”出版，很快成为最热门畅销书。哥伦比亚(CBS)广播公司为该书播放了长达 1 小时的纪录片。

《寂静的春天》描述了一幅可怕的场景：小鸟食用了体内含有滴滴涕的虫子，全身会剧烈抖动，飞不起来，直到奄奄一息，悲惨毙命。春天，本来应该有百鸟合唱，如今却无声无息，田野、树林和沼泽被一片死寂笼罩。

春天因杀虫剂滥用而“寂静”的事实不容否认，并深深震撼了注意到这个事实的很多人。《寂静的春天》引起美国乃至全世界千百万人的注意，促使人们关注和思考一个不能回避的问题：随意滥用杀虫剂对人类健康和生物多样性的威胁。

卡森的书当然也引起了杀虫剂生产企业的憎恨，化工利益集团大多将《寂静的春天》视作威胁，并掀起反驳与批评。认为使用杀虫剂能够保证丰收，降低粮食价格。毕竟是利大于弊。

但是大部分读者认为，卡森道出了真相，人类使用致命化学物质的害处需要深入研究，并予以制止。

这本书也有助于警醒政府。1963 年 5 月，肯尼迪总统的科学顾问委员会发布报告，建议设置杀虫剂的使用限度。肯尼迪总统立即下令，要求实施委员会的这些建议，包含要求农业部终止某些农药喷洒计划。并尽快由食品和药物管理局（Food and Drug Administration）审议食品农药残留物可被接受的限度。

1970 年 4 月 22 日，美国 2000 多万人上街游行，要求保护环境。“世界地球日”由此而生。

1971 年，“国际绿色和平组织”诞生。

1972 年，美国食品和药物管理局几乎完全禁止了滴滴涕的使用。

1972 年 6 月，联合国“人类与环境大会”在瑞典斯德哥尔摩举行，讨论并通过了《人类环境宣言》，号召全人类共同保护环境，将环保运动上升为全世界的政府行为。并成立了“联合国环境规划署”。

“联合国环境规划署”随后分别于 1972 年、1973 年和 1979 年，通过了禁止将废弃物排入海洋的《伦敦公约》，以及《防止船舶污染国际公约》和《日内瓦远程跨国界大气污染公约》。

1992 年，联合国在巴西里约热内卢召开环境与发展大会，大会通过了《里约热内卢宣言》和《21 世纪议程》，签署了《气候变化框架公约》、《生物多样性公约》和《保护森林问题原则声明》，并成立“可持续发展委员会”。

在减排方面，一些发达国家已经设定了目标，但是他们已经超越了工业发展污染最严重的阶段。这对发展中国家来说，减排任务尤为艰巨(新华社供稿)。

本次会议共有176个国家的代表参加，其中包括118位国家元首，被称之为“地球峰会”。

1997年，《联合国气候变化框架公约》缔约方第三次会议上通过《京都议定书》，对减排温室气体的种类、主要发达国家的减排时间表和额度等做出了具体规定。

志愿者在街头以行为艺术的方式号召人们保护环境、绿色出行（新华社供稿）。

2002年8月26日，可持续发展世界首脑会议（地球峰会）在南非约翰内斯堡开幕。包括104个国家元首和政府首脑，192个国家的代表参会。8月26日至9月1日会议主要围绕健康、生物多样性和生态系统、农业、水和卫生、能源等进行讨论。9月2日进入首脑会议阶段。在首脑会议开幕式上，联合国秘书长安南呼吁国际社会、特别是发达国家，为地球、为人类未来负起责任。他强调，各国在发展经济的过程中必须注重环保，如果人类不采取紧急措施改善日益恶化的环境，今后将会为此付出更加昂贵的代价。9月4日各国领导人和代表们最后通过了两份重要文件——《执行计划》

人口、车辆的跳跃式增长早已让城市生态系统不堪重负（摄影：温晋）。

和题为《约翰内斯堡可持续发展承诺》的政治宣言。

2009年，哥本哈根会议就发达国家实行强制减排和发展中国家采取自主减缓行动做出安排，但是因为发达国家与发展中国家之间在“共同但有区别的责任”方面没有达成共识，因而没有达成具有法律约束力的协议文本。

2013年，在华沙气候大会上，西方发达国家与发展中国家在会议期间展开激烈角力，最终就德班平台谈判、气候资金和损失损害补偿机制等焦点议题达成协议。

从20世纪中叶至今的大半个世纪里，世界各国政府和人民对于防止环境破坏，保护生态方面的共识，越来越多，采取行动的力度也越来越大。尽管这并没有阻止环境灾难的频繁发生，没有遏制许多局部区域的生态恶化，但是，认识到问题总比没有认识好，有行动总比没行动好。有很多生态保护行动还是取得了可见的实效。

从环境污染的严重性方面提醒世人，保护环境，是一个角度；还有另外一个与之密切相关的角度，就是告诉人们，地球上的资源是有限的，因此需要关注生态，珍惜生态，不要让大自然透支，必须考虑环境的承载力，不应该盲目追求经济的无限增长。

1972年，意大利罗马俱乐部发表了自己的研究报告，题目就叫做《增长的极限》，小小的书本提出了一个大大的警告：除非人类改变现存的工业生产方式，改变工业社会所信奉的社会价值以及相应行为，否则，工业社会的经济体系总有一天会毁灭，全球性的诸多生态危机表明，地球已经没有能力支持工业文明的继续膨胀。

《增长的极限》提供了一个并不复杂的逻辑：整个西方工业文明社会的持久动力就是对经济增长的无限追求。但资源不可能无限供给，因此，这种无限制增长是不可能长久的，其后果将是灾难性的。

反对《增长的极限》一书的观点也是存在的。但书中的逻辑打动着越来越多的人。今天，70亿人口已经让地球不堪重负。未来将达到100亿人口甚至更多，而大家依然固执地追求经济无限增长，长此下去，地球生态系统被完全压垮必成定局。

传统型的工业生产方式本质上是资源型经济，其维持运转和实现增长依赖大量的自然资源投入。而自然资源却不是无限的，生态环境的承载力是有限的。环境必然在不择手段的索取下崩溃。更何况这种索取过程还会留下很多败坏性因素，加速着走向总崩溃的趋势。

1983年11月，《人类环境宣言》问世后的第十一年，联合国又成立了世界环境与发展委员会，并为该委员会的主要任务确定为：审查世界环境和发展的关键问题，创造性地提出解决这些问题的现实行动建议，提高个人、团体、企业界、研究机构和各国政府对环境与发展的认识水平。

随后，在1987年于东京召开的环境特别会议上，世界环境与发展委员会在其长篇报告《我们共同的未来》中，正式提出了可持续发展的模式，以及人类利用自然，保护自然，与自然和谐相处的理论。

这一套理论不断丰富与深化，一直坚持至今，并在可以预见的未来被弘扬下去。

第三节　中国环境保护与生态建设的起步

英国议会通过并实施《空气清洁法》的1956年，新中国正在忙于对私营工商业进行“公私合营”，进而对之实行“社会主义改造”；忙于在农村推行“合作化”。刚刚完成战后经济恢复的中国，开始全面推进工业化，全力追求“第一个五年计划”的实现。对当时的中国而言，工厂建得越多越好，烟囱越密越好。环境污染问题还不能进入决策者的视野。这也符合社会发展规律：在什么时候就热衷什么事。

到20世纪70年代初期，中国初步建立了比较完整的工业体系。20世纪50年代到70年代，中国不是没有工业化造成的环境污染问题，只是当时的工业产业总量相对较低，其污染对环境造成的总体负担不大。在追求建设成就的过热情绪中，局部污染完全被忽视了。也就是说，在初级工业化阶段，注重污染防范和环境保护的意识还没有觉醒。

1971年，北京市重要水源官厅水库水质明显恶化，就引起了国务院的高度重视。

官厅水库，说来话长。

1954年5月13日，位于北京西北部远郊外的官厅水库举行建成典礼。这在当时是巨大的建设成就。官厅水库是永定河流域的骨干水利工程，主要拦蓄桑干河与洋河汇入永定河的来水。这些河流主要分布在河北张家口市境内。官厅水库控制永定河流域面积的97%，按千年一遇洪水设计。总库容22.7亿立方米。但实际存水一直远未达到这个数值，哪怕是在加固扩容之后。

1957年5月，中国科学院腾格里防沙研究所两位年轻的技术员李崇仁、刘中民在测量地形，准备植树。此时的中国正处在国民经济发展第一个五年计划的收尾阶段(新华社供稿)。

1954 年 5 月 13 日，中国第一座大型山谷水库——官厅水库在北京与河北交界处建成(新华社供稿)。

1971 年，官厅水库水面发现上万尾鱼死亡，水面还漂浮大量泡沫。当时这些死鱼被运到周边地区贩卖。吃了鱼的人出现恶心、呕吐等症状。当时完全想不到是污染造成的，还以为是有人往水库投毒。于是展开初步调查。

卫生部专家从鱼体里查出了有害物质。化验结果表明，有害物质源于工厂污水。为此，国务院发文，要求有关各地认真治理工业污染。治理工业污染的字眼出现在国家级文件指令中，这在中国环保史上是第一次。某种程度上说，这代表了中国政府对环境污染问题的意识觉醒。同时是控制污染、保护环境行动的实际性启动。虽然针对的是个案，但推而广之就是时间问题了。

因此说，在中国环境治污史上，官厅水库污染治理具有里程碑意义。

1972 年，国家计委、国家建委向国务院做出《关于官厅水库污染情况和解决意见的报告》称，“经化验，证明水质已受污染，并有急剧增加的趋势。水库盛产的小白鱼、胖头鱼，体内滴滴涕含量每斤达 1 毫克。今春从水库收购的 4 万斤鱼，不敢出售。”最后国务院批示，同意国家计委、国家建委的报告。对于关系到人民群众身体健康的水源和城市空气污染问题，各地应尽快组织力量，进行检查，做出规划，认真治理。

1972 年，“官厅水系水源保护领导小组”成立，官厅水系水源保护科研协作组先后从中科院、北大、北师大、北京医学院等 44 个单位（后来还有更多单位参与）抽调各学科专家“参战”。300 多名专家，分成了 3 个小组，从环境卫生学、环境地球化学等 20 多个专题，展开了历时 3 年的研究。

1972年6月5～16日，联合国人类环境会议第一届会议在瑞典首都斯德哥尔摩举行。中国代表团团长、燃料化学工业部副部长唐克在联合国人类环境会议全体会议上发言。当时官厅水库污染事件正在处理之中(新华社供稿)。

对官厅水库上游的污染源、入库河系、污水灌溉和库区水质、底泥、水生生物的污染状况，以及污染物与人体的健康对应关系等等，进行了综合调查和试验研究。最后，完成了一份报告——《官厅水系水源保护的研究》(1973～1975年科研总结)。

从1972年开始，对官厅水库上游的39个重点污染企业，分3批进行治理。这些企业包括沙城农药厂、宣化造纸厂、宣化农药厂、大同橡胶厂等。为此，国家和有关部委拨出专款近3000万元。此外，还在水库及其上游的大同、雁北、张家口市和张家口地区建成了5个监测站。

官厅水库工业污染问题从直观的“自我暴露”，深入调查确认，到展开治理与全面控制，对引发全国对污染问题的重视，产生了重大的“启示”作用。

1973年8月5～20日，国务院委托原国家计委在北京组织召开了中国第一次环境保护会议，会上审议并通过了环境保护工作32字方针：“全面规划、合理布局、综合利用、化害为利、依靠群众、大家动手、保护环境、造福人民”，和《关于保护和改善环境的若干规定》。这个《规定》是中国第一个环境保护文件。本次会议及其通过的文件迈出了中国环境保护事业关键性的一步，有力地推动了中国环境保护工作的开展。

在这次全国环保大会上，各方面专家畅所欲言。直言不讳地指出了当时的环境污染事实和风险，应当说，这与官厅水库污染从发现到治理的案例启示，有某种程度的关系。

官厅水系水源保护领导小组属于全国最早的“流域管理机构”，是由中央13个部委和三省两市（北京、天津、河北、山西、内蒙古）领导组成的跨流域的水源保护机构。它可以根据流域上中下游的实际情况，全面协调经济发展与环境之间的关系。证明是一种行之有效的管理方式。

2003年，张家口治理水土流失见成效，流入官厅水库的泥沙量减少了80%，当地生态环境也大为改善（新华社供稿）。

官厅水系流域横跨“三省两市”，流域上中下游有河流、水库，有农林、城市、工业、农业、矿山，研究领域类型多样，从污染源的治理、到流域环境管理，从环境监测、环境调查、环境评价、流域环境预测到流域环境规划，几乎覆盖了开展区域环境研究的所有问题。而对北京供水的“政治严肃性”保证了这项研究能够顺畅进行。

在当时的报告里就提出了把经济发展与环境联系起来，把流域视为一个区域整体，从系统角度开展环境污染综合防治研究。

1974年，国务院颁布了《中华人民共和国防治沿海水域污染暂行规定》。

1978年，中国启动“‘三北’及长江流域等防护林体系建设工程”。迄今它已经是世界上规模最大、历时最长的生态建设工程。

1979年，官厅流域水源保护工作由单项污染治理转向了流域综合污染防治。

1981年官厅水系开创性地尝试了流域环境质量回顾评价、流域环境质量现状评价和流域环境质量预断评价研究，在此基础上开展了我国最早的流域环境规划研究，流域水质污染总量控制研究和大型建设项目的环境影响评价研究。

官厅水库污染发现与治理模式，对全国江河与城市水源保护，提供了重要的借鉴作用。对中国污染治理和环境保护工作的历史启示是深远的。

在官厅水库建成6年后，1960年，密云水库建成。它以防洪、发电、农业灌溉、水产养殖和城市供水为主要任务。水库最大蓄水量为43.7亿立方米。

一群天鹅在北京郊区官厅水库上空飞翔。随着北京生态环境的逐步改善，位于京郊的官厅水库、密云水库等地成了越来越多鸟儿栖息的家园（摄影：云飞）。

1979年，在改革开放、搞活经济的整体氛围下，中共中央发出79号文件，决定把密云水库建成“千人住万人游”的大型旅游基地。很快，库边漫滩上建起了大型游乐场。前往旅游的人越来越多，旅游给密云水库周围的人带来了可观收入。

这时，首都用水日益增多，地下水位连年下降。密云水库的城市供水地位日益重要。大力发展密云水库旅游会不会对水库水质造成污染？如果造成污染，首都用水怎么办？报纸上出现了“密云水库开展旅游应进行环境影响评价”的文章。

文章很快遭到了各方的批评，批评方的核心观点是：旅游是无烟工业，怎么能有污染呢？连旅游是最洁净的产业都不懂！

最后的深入调查研究结果发现：开展大规模旅游对水库一定会造成严重污染，游艇洗舱废水、各种宾馆饭店培训中心洗浴污水、游客的垃圾粪便、野炊残羹剩饭等，会随暴雨径流，进入水库，污染水体。水上活动也很危险，游泳可将大肠杆菌螺旋体等病原菌带入水体。旅游业所造成的这些污染，将使密云水库无法作为饮用水源。

到20世纪80年代，北京城市用水日趋紧张。自1985年起，密云水库

2007年，内蒙古阿拉善盟额济纳旗当地政府将额济纳绿洲一片枯死面积最大的胡杨林围封起来，建成生态纪念公园，让来这里游览的游客看到生态破坏的可怕后果(新华社供稿)。

不仅用于工农业生产，也成了北京的居民饮用水源地。北京市政府成立了水源保护机构，在水库周围划分了一、二、三级水源保护区，并制定了水源保护条例，禁止在密云水库地区开展大规模旅游活动。拆除了坝上的“度假村”，取缔了商业饮食网点，禁止未经批准的机动船下水，并实行汛期封路、封坝制度。

这使得当地的生产生活受到影响，为了增加收入，水库开始了高密度网箱养鱼。专家们又展开了密云水库网箱养鱼的环境影响评价研究，研究结果大大出乎人们的意料：网箱养鱼投入水中的大量饵料、鱼类排入水体的粪便，不仅会造成水体极为严重的有机污染，它的污染程度，相当于50万人口的中等城市向水库排污！

治污需要投入的费用，要比养鱼赚来的钱高出几百倍。污染物向水体释放大量的磷，这些磷与周围农田排入水库的氮结合在一起，一旦达到一定比例，就会迅速发生富营养化，水库若发生富营养化，水体就会变黑发臭，水质恶化将使水库丧失饮用水源功能。网箱养鱼的危害性比旅游带来的污染严重得多。

1989年2月，北京市迅速做出了停止在密云水库发展网箱养鱼，拆除距白河主坝取水处3千米范围内所有网箱的决定。并规定对水库的网箱养鱼面积进行严格限制。

在水库周边有大量的铁矿资源。当地开矿导致大量植被遭到破坏，到处出现水土流失。暴雨洪水也会把矿区内有害元素带入水库。

北京市政府及时发出通知，使已投资几百万元的铁矿下马，远离库区的则限制在试验规模。

无论是开展旅游、网箱养鱼，还是开发铁矿，辛辛苦苦忙上一年，总产值不过1.5亿元。密云水库作为国家地面水一级水体，每立方米水价值1元钱（当时密云水库蓄水30亿立方米），30亿立方米水就是30亿元，1.5亿元与30亿元如何相比？更何况人民的健康才是首要问题。

两座水库为首都供水，地位特殊，其污染的害处给予当代中国决策层与科学界的环保启示直观而切近。这两个案例从破题到最终解决的全过程，折射出中国环境保护与生态治理的历史性特点。

改革开放后，中国已经创造了数十年高速增长的人类经济发展奇迹。但为此也付出了惨重的环境代价：大气、水系和土壤遭受严重污染，土地荒漠化迅速蔓延，生物多样性出现逆向演进趋势，自然生态受到严重威胁……，西方工业化进程中遇到过的环境问题在中国都已出现，局部区域甚至比西方曾经的状况更严峻。

与中国经济高速发展的同时，中国的环境保护与生态建设也一直在同步进行。若干相关法律法规的制定，若干重大环保行动和生态建设工程的实施，都表明中国生态理念与环保投入的不断提高。1998年，长江洪水后，中国政府认识到是人为对上游植被破坏所致，启动了世界瞩目的投资额大、周期长的“退耕还林”、“天然林资源保护”和“京津风沙源治理”等重大生态建设和恢复工程。时代问题的迫切应对与历史进步的呼唤，促使中国执政党终于提出建设“生态文明”。

对于中国而言，这不仅是一个概念的提出，而是一个新时代的开启。这个新时代的特点不是去欢快迎接烂漫山花中的莺歌燕舞，而是要以全新的理念和措施，去解决中国人此前从未系统思考和全面解决过的生态文明建设问题。这个问题远比三十几年就能够拿到世界第二经济体的经济增速问题复杂困难得多。

Chapter 7

第七章
生态文明发展之路

生态意识已经在全社会日益深入人心。
就社会影响力而言，
社会管理阶层和执政党的
生态意识觉醒与深化更加重要。
他们会把觉醒与深化的生态意识，
转化为有效的生态保护与建设措施。
生态文明建设特别需要
执政者深入了解生态与社会发展的关系史，
特别需要执政者知行合一。
明确怎样的生态文明理念，
走怎样的生态文明之路，
是摆在全人类面前的一道新课题。

第一节　生态文明的概念

2011 年 3 月 8 日，中国林业新闻网转载了安徽省一年级小学生的两篇作文。

其中一篇是一位小学生讲述自己保留了学前班用过的本子，星期日休息时“突发奇想”，用橡皮把这些旧本子上面的铅笔字全部擦干净，准备再用。并告诉妈妈说：“这叫废品再生。”

另一篇是一位小学生讲述自己，看到两个同学向小蚂蚁身上浇水，想看看它们会不会游泳，并以此取乐。他阻止了同学们的行为，认为小蚂蚁是有益的昆虫，要好好保护。同时指出要珍惜水资源。

2014 年 2 月，北京市某小学三年级学生菁菁和妹妹溪溪、表弟牛牛、表妹诺诺在家人的陪同下出海游玩，他们在海上发现一只大海龟正在缓慢地游来游去，有经验的船夫猜测这只海龟可能受了伤，于是用渔网将海龟捞上船来。果不其然，海龟的腹部有一道长长的伤口，孩子们在大人的指导下亲手给海龟处理了伤口，又放归大海。说来也怪，海龟一进入水中，回头便看了孩子们一眼，眼神中似乎透露着深深的谢意。大人们向孩子们说，你们今天做了一件爱护动物的好事情，海龟会记得你们的情意的。孩子们听了心里美滋滋的。

受伤的海龟。

河南省某幼儿园的孩子们正在植树。他们在活动中体验环保理念和生态理念，感受美化环境的意义(新华社供稿)。

进入21世纪的第二个十年，在中国儿童心中，使用过的东西应该重复利用，昆虫和野生的小动物被看成朋友，而不仅仅是善待自家的宠物。这就是中国儿童心中的“生态文明”理念。生动具体，充满童真童趣，具有人性的温度。这让人们切近地感到，生态文明的种子正在新一代心中发芽生长。秉持这种“生态文明理念”的孩子们长大后，无论他们是普通劳动者，还是成为社会管理决策层，都会把自己的生态文明价值观贯彻到自己的实际行动中。他们让人相信，21世纪的生态文明建设事业是大有希望的。

孩子们的“生态文明理念”不是天上掉下来的，而是今天的时代环境熏陶浸润而成的。成长在举世关注生态文明的时代，是孩子们的幸运。大多数70后出生的时候，还没有“生态文明”这个词。

在人类思想学术史上，生态文明作为一个理论概念被明确提出的时间不算长。德国法兰克福大学政治学系伊林•费切尔（Iring Fetscher）教授在1978年《论人类的生存环境》中提出了生态文明的概念，用以表达对工业文明和技术进步主义的批判。

美国学者罗伊•莫里森在1995年出版的《生态民主》一书中，明确用生态文明来表示工业文明之后的文明形式。它是一种正在生成和发展的文明范式，是继工业文明之后人类文明发展的又一个高级阶段，是人类社会一种新的文明形态。它是“人们正确认识和处理人类社会与自然环境系统相互关系的理念”，“表征着人与自然相互关系的进步状态”。

在2006年出版的《生态文明：2140（Eco Civilization 2140）》一书中，罗伊•莫里森虚构了存在于22世纪的生态文明。他设想的这种生态文明是把民主、生态平衡与社会和谐作为三大支柱，以生态民主为基本途径而实

拯救地球，保护生态环境，在当今西方很多国家已经变成一个首要的政治问题。图为美国休斯敦市市民庆祝世界地球日。活动旨在教育和鼓励市民们为休斯敦市和整个地球的环境保护与发展贡献自己的力量（新华社供稿）。

现生态文明社会的建设。

生态文明的概念最早产生于先行工业化的西方，并被予以多角度阐释和丰富，这也是很自然的。因为先行实现工业化，也就会先于发展中国家遇到诸多生态问题，并因此寻求解决之道，超越之路。于是，无论作为批判工业文明社会的环境弊端的理论概念，还是作为以生态为主题来超越工业文明的历史概念，先行工业化的西方都会较早提出“生态文明”概念。

中外学者对生态文明的概念提出了很多不同的定义，对于生态文明社会形态也做出了不少基本描述。这些定义虽然表述各异，但也有一些共同点。

来自欧洲以及美国、中国许多城市的市长们围坐一起，分享着全球生态文明的建设经验（新华社供稿）。

概而言之，生态文明是人类社会的一种新式文明形态，它以人与自然相和谐的途径，追求社会的可持续发展；以保证生态平衡和生态安全的方式，建构社会制度，谋求文明进步和人类幸福。不以牺牲环境为代价而追求财富无限增长和生活奢靡消费。这是它根本区别于传统工业文明的要旨。因而，生态文明是一种后工业文明，是高于工业文明的一种文明形态。它会以不同以往的方式，为人类创造精神文明和物质文明。

生态文明是社会历史发展的一个新阶段，是一种值得长期追求的文明形态，其创建还刚刚起步，还不急于用一个定义把它框定下来，日益丰富的创新实践会给予生态文明以更加丰满的内涵。

第二节　中国生态理念的提升过程

一、提出环境保护

自 20 世纪 70 年代初开始，中国政府从诸如官厅水库污染这样的个案出发，意识到了环境污染的危害和治理的必要。并从个案出发转向对全局的关注。具有普遍指导意义的政策文件和法规在 20 世纪 70 年代中叶陆续出台。

1978 年被当作改革开放“元年”。新现实促成宪法修改。1978 年修订的《中华人民共和国宪法》，第一次对环境保护作了如下明确规定：“国家保护环境和自然资源，防治污染和其他公害”。在同时代，环境问题“入宪”的国家还很少。稍感巧合的是，就在这一年，德国学者提出了“生态文明”的概念。

也就在中国环境问题“入宪”的同时期，中国制定和颁布的环境保护标准有《工业三废排放试行标准》、《生活饮用水标准》以及《食品卫生标准》等等，使中国的环境管理初步具有了一系列定量指标。

1979 年，中国制定并颁布了《中华人民共和国森林法（试行）》和《中华人民共和国环境保护法（试行）》。

改革开放之后，中国工业化进入大规模快速发展期，对环境的扰动甚至破坏随之加剧，生态失衡的表现越来越强烈。这个问题当然也引起执政党的重视。

二、关注生态平衡

1982 年，中共十二大报告首次提出了“生态平衡”的概念。十二大报告中指出：“今后必须在坚决控制人口增长、坚决保护各种农业资源、保持

中共十二大报告中的“生态平衡”在当时还不是作为报告的主题词存在的，但毕竟已经作为农业发展的一个“必须保持”的前提而被确认(新华社供稿)。

生态平衡的同时，加强农业基本建设，改善农业生产条件，实行科学种田，在有限的耕地上生产出更多的粮食和经济作物，并且全面发展林、牧、副、渔各业，以满足工业发展和人民生活提高的需要”。

到 1987 年的中共十三大报告，更强调指出：“人口控制、环境保护和生态平衡是关系经济和社会发展全局的重要问题”。在这里，环境保护和生态平衡不仅是重要问题，而且事关经济和社会发展的全局。

1992 年，中共十四大报告开辟专章论述，要求“不断改善人民生活，严格控制人口增长，加强环境保护”，并“要增强全民族的环境意识，保护和合理利用土地、矿藏、森林、水等自然资源，努力改善生态环境。”

在 1997 年的中共十五大报告中，就已经把环境保护提升为基本国策，要求“坚持计划生育和保护环境的基本国策，正确处理经济发展同人口、资源、环境的关系。”

2002 年的中共十六大报告首次提出建设小康社会。值得强调的是，报告确定了建设小康社会的四大奋斗目标，生态目标是其中之一：“可持续发展能力不断增强，生态环境得到改善，资源利用效率显著提高，促进人与自然的和谐，推动整个社会走上生产发展、生活富裕、生态良好的文明发展道路。”可以看到，可持续发展能力不断增强，生态环境得到改善，资源利用效率显著提高，促进人与自然的和谐，这些内容既是小康社会的追求目标，也是走向小康社会的实现途径。

三、重视生态文明

2007年，中共十七大报告首次将生态文明建设的目标概括为：建设生态文明，基本形成节约能源资源和保护生态环境的产业结构、增长方式、消费模式。循环经济形成较大规模，可再生能源比重显著上升。主要污染物排放得到有效控制，生态环境质量明显改善。强调要坚持生产发展、生活富裕、生态良好的文明发展道路，建设资源节约型、环境友好型社会，实现速度和结构质量相统一、经济发展与人口资源环境相协调，使人民在良好生态环境中生产生活，实现经济社会永续发展。

首次在十七大报告中提出的生态文明理念就像一颗种子逐渐在人们的心中发芽生长。

中国已经充分认识到，在当前国际政治环境和中国自然环境的双重约束之下，现代化之路已经无法复制西方发达国家曾经走过的传统工业化之路，必须探索新的经济发展模式和文明发展方式。

与此同时，各项重点生态建设工程，环保重点工作、环境质量指标，产业优化升级等内容，也都明确写入“十二五”规划。

四、纳入“五位一体”总体布局

2012年，中共十八大首次把生态文明建设纳入中国特色社会主义事业“五位一体”的总体布局并写入党章，首次把生态文明建设与经济建设、政治建设、文化建设、社会建设放在同等重要的位置，首次把“美丽中国”明确为生态文明建设的宏伟目标。

保护生态环境已成为全球共识，但把生态文明建设作为一个政党特别是执政党的行动纲领，中国共产党是第一个。

中共十八大报告将“生态文明”进一步阐述为：推进生态文明建设，是涉及生产方式和生活方式根本性变革的战略任务，必须把生态文明建设

左：我国共有118座资源型城市。资源型城市的生命长度究竟能延续多久？这道难题考验着世界，更考验着快速发展的中国（新华社供稿）。

右：首次在中共十七大报告中提出的生态文明理念就像一颗种子逐渐在人们的心中发芽生长。图为2008年7月湖南张家界国家森林公园启动生态文明周活动（新华社供稿）。

的理念、原则、目标等深刻融入和全面贯彻到我国经济、政治、文化、社会建设的各方面和全过程，坚持节约资源和保护环境的基本国策，着力推进绿色发展、循环发展、低碳发展，为人民创造良好的生产生活环境。

中共十八大报告指出，建设生态文明的出发点，是应对日趋严峻的资源生态环境形势，建设生态文明的落脚点，是扭转生态环境恶化的趋势，为人们创造良好生产生活环境，建设美丽中国，实现中华民族永续发展，并为全球生态安全作出贡献。中共十八大报告以建设美丽中国的全新理念，描绘了生态文明建设的前景。

在 2013 年的中共十八届三中全会上，通过了《中共中央关于全面深化改革若干重大问题的决定》，进一步阐述了生态文明制度体系的构成及其改革方向、重点任务。《决定》强调，要紧紧围绕建设美丽中国，深化生态文明体制改革，加快建立生态文明制度。按照“源头严防、过程严管、后果严惩”的思路，对生态文明建设做出科学的制度安排，用制度保护生态环境。要健全自然资源资产产权制度和用途管制制度，划定生态保护红线，实行资源有偿使用制度和生态补偿制度，改革生态环境保护管理体制。

根据这些部署，国务院公布了《大气污染防治行动计划》，提出 2013 ～ 2017 年中国将投入 1.7 万亿元，进行大气污染治理；要求达不到新环境空气质量二级标准的城市，必须制定达标计划和日程表。

国家发展和改革委员会联合财政部、国土资源部、水利部、农业部、国家林业局制定了《国家生态文明先行示范区建设方案（试行）》，在全国范围内选择有代表性的 100 个地区开展国家生态文明先行示范区建设，探索符合我国国情的生态文明建设模式。

国家林业局印发《推进生态文明建设规划纲要（2013 ～ 2020 年）》，

2013 年经党中央和国务院领导批准，外交部同意贵州省举办生态文明贵阳国际论坛。这是我国目前唯一以生态文明为主题的国家级国际性论坛（新华社供稿）。

中国第一个国家森林城市——贵阳。获此殊荣时，贵阳市森林覆盖率达 34.77%、绿化率达 40.47%，人均公共绿地面积 9.25 平方米。

就有关领域绿色发展的战略、方针、政策等进行了重点研究和推进。

2015 年 4 月 25 日，中共中央、国务院又印发了《关于加快推进生态文明建设的意见》，进一步明确了生态文明建设的指导思想、基本原则和到 2020 年的主要目标及具体措施。

五、纳入“两个一百年”奋斗目标并提升为千年大计

2017 年，中共十九大把生态文明建设纳入“两个一百年”奋斗目标并提升为“中华民族永续发展的千年大计”。

中共十九大对生态文明建设作出新部署，在提出“到 2020 年全面建成小康社会、实现第一个百年奋斗目标”的同时，首次提出了“到 2035 年，生态环境根本好转，美丽中国基本实现”的第一阶段目标和“到本世纪中叶，把我国建成富强民主文明和谐美丽的社会主义现代化强国”的第二个百年

“对话”已经成为中国建设生态文明、加强生态文明理念宣传的重要方式(新华社供稿)。

奋斗目标。

中共十八大以来，以习近平同志为核心的党中央深刻分析国际国内经济社会发展的经验教训和人类社会发展规律，提出了一系列新理念、新思想、新战略，形成了习近平生态文明思想，成为习近平新时代中国特色社会主义思想的重要组成部分。

中共十九大还将生态文明建设确定为坚持发展中国特色社会主义的基本方略之一，明确指出“建设生态文明是中华民族永续发展的千年大计”。

“生态兴则文明兴，生态衰则文明衰”“绿水青山就是金山银山”“像保护眼睛一样保护生态环境，像对待生命一样对待生态环境”“良好的生态环境是最公平的公共产品，是最普惠的民生福祉”“森林是陆地生态的主体，是国家、民族最大的生存资本，是人类生存的根基，关系生存安全、淡水安全、国土安全、物种安全、气候安全和国家外交大局”“坚持山水林田湖草沙一体化保护和系统治理”“实行最严格的环境保护制度”等论述，成为中国特色社会主义生态文明观的重要内容，成为全党全国建设生态文明的共同行动。

2022 年，中共十九大进一步把生态文明建设作为新时代新征程中国共产党的使命任务“以中国式现代化全面推进中华民族伟大复兴”的重要内容作出部署，并将“促进人与自然和谐共生”明确为中国式现代化的本质要求之一。

从 20 世纪 70 年代初至今，中国共产党对生态环境认知有一个清晰的演进路径。在充分总结实践经验的基础上，保持了理念深化的连续性和政策制定的连贯性。由此最终提出了生态文明系统论述和治国部署，即中国特色社会主义生态观，既是中国社会发展新阶段的迫切需要，又是对当今世界绿色发展主流趋势的理性认知，标志着中国共产党执政理念的时代累进性提升。

第三节　走向生态文明发展阶段

生态文明的核心问题是在新的历史条件下，如何妥善处理人与自然的关系，以保证人类文明的健康发展。

人类在所经历过的文明历程中，都在按照所处历史阶段的认知水平和劳动能力，处理与自然的关系，以建立自己的生活。只是不同时代对自然的认知程度不一样，与自然合作的方式不同，影响自然的力量各有不同，也就形成了不同的文明形态。这些不同时期里所形成的历史经验，对于创建今天的生态文明，都是必不可少的人类阅历，都会为今天提供宝贵的历史参照。

一、原始文明

原始文明是人类史上经历最长的时代，考古发掘表明，至少有200万年以上的历史。在这一时期，人在大自然的风霜雨雪中寻找安身立命之处；通过采集野果、狩猎动物等方式获取生活资料。这种原始的生产生活方式对生态系统的扰动微乎其微，谈不上“环境问题”。这时，人受制于自然，被动适应自然。当然也就很容易形成万物有灵的原始泛神论意识，以及自然崇拜理念。

人类的认知水平总是与劳动能力相匹配的。在原始文明阶段后期，由于劳动经验知识的积累丰富和生产工具的日益改进，人类可以通过自身劳动，经营出可以相对自主的种植空间，而不完全依靠野地采集；也可以把野兽野禽予以驯化，变成“家养”。这就使得食物和衣物的来源具有一定的自主性，较为稳固。也可以获取更多的生活资料，养活日益增加的人口。农业文明就此孕育诞生。

二、农业文明

农业文明时期，生产力有所提高的人类对大自然进行力所能及的开发与改造，以使之适应于自己的需要。这对生态系统的本原平衡造成了一定的冲击。但由于当时人类的生产工具还比较简单，使用的能源也只是人力、畜力、风力以及水力等，传统农业的各种生产生活行为及其后果，并没有破坏自然生态系统的基本平衡。

也就是说，农业文明时代的生产力发展虽然比原始文明时代有所提高，对自然的索取能力也有所增强，但总体上还没有超出自然界的再生能力，不足以扰乱自然界的自我调节过程和自然秩序。

需要指出的是，传统农业文明并非对环境就没有毁坏。

塔里木盆地东侧的楼兰古国，早在2000多年前就已见诸文字记载，它

左：世代居住在云南阿佤山上的佤族信奉万物有灵的自然崇拜，自古以牛为神圣吉祥物和崇拜图腾。图为准备送往“龙摩爷”（佤语意为众神灵居所）的新“牺牲”（新华社供稿）。

右：楼兰古城的佛塔遗迹（新华社供稿）。

左：楼兰古国的消亡告诉我们，超过自然承载力的垦殖会造成难以恢复的生态破坏。问题的关键在于人类是否注重保持开发与自然承受力相平衡，是否在开发中坚持人与自然相和谐。

右：2011年西安世界园艺博览会以“天人长安，创意自然——城市与自然和谐共生”为主题，体现了人、城市、自然和谐共生的理念。

是丝绸之路上著名的贸易中转站，是大漠边缘向世界开放的大都市之一。从新石器后期直到汉代前期，楼兰一直是河网遍布、草木茂盛的绿洲。

然而，公元500年左右，它却消失了。

对楼兰古国的消亡，学术界有各种说法，其中的一个说法较有说服力，就是这里由于人口增多，土地过度垦殖，植被破坏严重，草地沙化迅速，致使一片大好绿洲沦为沙漠。古楼兰的繁华被黄沙彻底掩埋。

楼兰原属于塔里木盆地沙漠中的绿洲。这些绿洲在外界物质资源注入很少的情况下，其自然承载力极为有限。人口和牛羊所消耗的生物质资源一旦超过了绿洲的自然生态生产量，绿洲的自我恢复系统就崩溃，便不足以抵御风沙侵袭，很快沦陷于黄沙。

楼兰的消失固然有自然环境的因素，但人类过度开发导致的生态破坏是主要原因。

中国传统农业文明时代是漫长的，人们在与自然相处过程中所积累的正反两方面经验教训，凝结出不少宝贵的环境意识。先秦时代的政府就规定：“树木以时伐焉，禽兽以时杀焉”（《礼记》）。砍伐和捕猎都要符合自然万物的生长规律，按照时节来安排。荀子也说：“圣王之制也：草木荣华滋硕之时，则斧斤不入山林，不夭其生，不绝其长也；鼋鼍鱼鳖鳅鳝孕别之时，罔罟毒药不入泽，不夭其生，不绝其长也；春耕、夏耘、秋收、冬藏，四者不失时，故五谷不绝，而百姓有余食也；……斩伐养长不失其时，故山林不童，而百姓有余材也”（《荀子·王制》）。在草木旺盛的生长期里不准砍伐，水生动物的繁殖期不许捕杀，就是为了不会灭绝生态资源的可持续生长。人的劳动安排只有顺从自然节奏，才能保证生物资源不会断绝。类似的环境保护规定被看做“仁政”的表现，是圣人之制。也记入圣贤的经典，被长期信奉。

中国农业文明时代的许多生态理念中，传诵最为广泛而久远的学说是“天人合一”。

“天人合一”的基本内涵就是追求人与自然的和谐。从这个基本原则出发，儒家阐发出一套自己的理论；道家、墨家，甚至后来传入中国的佛教，也都对“天人合一”的原则有着从各自学说角度的阐发。

中国儒家从“天人合一”原则出发，主张人事必须顺应天意，须将天的自然法则转化为人的行事准则。要求人应该“与天地合其德，与日月合其明，与四时合其序”。人与自然和谐是身体健康与道德修养的最高境界。既用这个信条安身立业，也依靠这个信条健身修心。 当然也用这个信条指导生产活动。治国顺应天理，方能国泰民安。

中国道家提出“道法自然”。认为自然法则不可违，人必须顺应天道，以实现天人调谐，反对违拗或征服自然。

“天人合一”、人——自然相调谐的理念是中国农业文明时代形成的自然哲学，是漫长的传统农业文明时代的经验结晶。在发展生态文明事业中，依然可以成为有价值的思想资源。

三、工业文明

工业文明时代的到来是迅猛的，相对于原始文明和农业文明时代，它也是短暂的。

从 18 世纪下半叶开始，西方从原来的工场手工业开始向机器大工业过渡，由此开启了人类工业文明，300 多年的工业文明推动了社会的发展，提高了生产效率，但同时也把人与自然的关系不和谐程度，推到了极点。

人类步入工业文明时代以后，大量地毫无顾忌地开采资源，排出有毒有害物质，致使生态环境逐年破坏。与此同时，在工业社会，随着科技进步和生产力显著提高，人类活动范围已扩张到全球的各个角落，以及地球深部和外层空间，认识自然、控制自然、改变自然的能力越来越强。

整个工业文明时代，科学技术有长足发展，给人类带来前所未有的物

工业文明时代让经济回报站到了巅峰位置，而那些自然的、环境的利益则被无情地搁置一边。

左：欧洲民众抗议过度捕捞渔业资源(新华社供稿)

右：《中华人民共和国可持续发展国家报告(2012年)》的数据显示：如果世界人口都按照美国目前的物质消费水平，人类就需要五个地球；如果按照英国目前的消费水平，人类就需要三个地球。

质享受的同时，也带来了前所未有的生态破坏以及自然灾害。生态破坏主要表现在：土地侵蚀、水土流失、土地沙漠化；森林锐减、洪水泛滥、干旱不断；淡水资源严重短缺；化学灾害频繁，酸雨沉降，气候恶化，温室效应；化学垃圾和生活垃圾危害；部分生物灭绝等等。

但是，在人类物质生活水平得到迅猛提高的同时，人们也发现这种建立在掠夺式利用自然资源基础上的工业文明，所造成的环境污染、资源破坏，沙漠化，“城市病”等问题愈发严重。另外，随着全球性的人口急剧膨胀，自然资源短缺，生态环境日益恶化等一系列全球性生态环境问题，已打破了自然界的生态平衡和生态结构，正深刻地影响和改变地球生态系统的演变路径和方向，使人与自然的关系变得越来越不和谐，威胁到地球上各种生命体的生存与发展，对人类生存安全也构成了极其严峻的挑战。

工业文明时期，人类肆意掠夺自然资源，利用先进的工业技术将人类的意志强行加到大自然的头上，严重破坏了生态系统的内部平衡。几乎所有的资本主义工业大国，都经历了资源高消费、环境高污染的过程。

工业文明的自然伦理观相信，“人是自然的主人”，自然是人类的奴隶。此时人与自然的关系是：征服与被征服、掠夺与被掠夺、奴役与被奴役。二者之间的和谐不被重视。

工业文明使人类创造物质财富的能力空前提高，但是，工业文明也催生并一直在有力刺激物质享乐主义，导致人类物质消费需求超越了地球生物圈的承载力。

由于人类对自身利益最大化的追求，造成自然资源枯竭，生态破坏，大自然频频告警。人与自然环境之间已经处于一种“危机状态”，而不是“友好状态”。历史上因环境过度破坏而导致文明崩溃的状况，已经出现重演的征兆。

2011 年中华环保世纪行宣传活动启动仪式在北京举行（新华社供稿）

著名历史学家汤因比最后一部著作《人类与大地母亲》完成于 1973 年。这时，工业文明对生态环境的危害弊端已经暴露无遗。正是这样的时代启示让汤因比在书中着重论述了各区域文明的形成与环境要素的关系。指出人类不当行为对自然环境毁坏的恶果，并关注人类应与自然环境建立怎样的关系。在汤因比所论述的 26 个文明中，走向衰落的，特别是那些消亡的，都直接或间接地与生态环境遭受破坏有关。举其要者，诸如玛雅文明、苏美尔文明的消亡都有力地证明了这个判断的正确性。传统型的工业文明所走的正是历史上曾经出现的那些由盛而衰的不可持续之路。

正是在这样的社会背景下，人们开始了对工业文明发展模式的反思。各种民间环保组织如同雨后春笋。遍布发达国家当中的民众生态运动，促使西方发达国家不得不进行工业文明的转型。

实际上，西方发达国家从 20 世纪六七十年代开始，就逐步通过技术升级和产业转移，减少生态危害性产业的份额，对产业结构进行调整，陆续终止了本土高能耗、高原材料消耗和高排放企业的生产。依靠雄厚的资金和技术力量，实现了发展方式的转型。即使在 2008 年世界金融危机之后，欧美一些发达国家为了加强本土制造业，出现了部分产业回迁的趋势，但迁回去的企业再也不是浓烟滚滚、污水横流的样子了。

进入 21 世纪，接受发达国家产业转移的发展中国家，也在日益强烈地抵制环境负担过大的产业。这就造成了世界范围内的环境保护大趋势。

在西方产业转型的同时，西方学者相继提出了后工业文明、可持续发展、生态现代化、生态经济、循环经济、低碳经济、绿色经济和生态中心主义等诸多具有后工业文明特征的理论形态。这些都是在为生态文明建设做理论准备和思想动员。而且这些思想理论对于生态文明制度建设和生态

山西临汾曾被称为“世界污染最严重城市”，如今已然“一川清水、两岸锦绣”。图为当时工厂拆除、改造的场景（新华社供稿）。

技术追求，都具有前瞻性的指导意义。这些理论成果表明，人类属于生物圈中的高智能动物，在自身面临毁灭的时候，具有预见能力，会采取积极的自救措施，能够在生态危机面前，做出多向的思考和理性选择。

中国改革开放三十多年来，经济发展取得了举世瞩目的成就，GDP 总量已经跃升到世界第二位；但是，世界传统工业发展模式中的高能耗、高排放、高污染等特点也开始凸现出来。

除东部沿海地区之外，我国中西部区域大多还处在工业化、城镇化中期乃至初期阶段。如果中国依然按照传统的工业文明模式谋求发展，对自己以及对世界的资源压力和排放压力都将难以承受。在当今时代，中国乃至整个第三世界国家已经无法完全复制发达国家的工业文明模式。国内自然条件和国际大环境的双重约束，促使中国乃至世界上许多国家，必须寻找新的文明发展模式。生态文明就是在全球性生态危机条件下对未来文明形式的探索。

四、生态文明

生态文明观是针对生态危机、环境污染、资源枯竭以及现代政治问题、经济问题和社会问题而提出的一种全新的文明观。生态文明力图实现人与环境新的平衡与和谐。

走向生态文明发展阶段，不是一个单纯的技术取向。其所面临的问题也不是在单纯的技术层面上能够解决的。生态文明建设需要从社会理念，国家制度建构，从发展模式等方面着手。有了这些深层变革和顶层设计，相应的技术选择才能够真正奏效。

20 世纪下半叶以来，关注生态环境问题，协调经济发展与环境保护之间的关系，走可持续发展之路，逐渐成为了全人类的共识。面对严峻的生态环境恶化现实，中国借鉴西方发达国家在环境治理方面的经验和教训，结合中国工业化水平以及生态环境现实，逐步走上符合中国国情的生态文明建设之路。这也是实现中华民族伟大复兴的必由之路。

生态文明并不是简单地否定工业文明，承认工业文明是人类文明发展的积极成果。建设生态文明社会的资金和基础，以及科学文化理念，也都是在工业文明社会中积累的。生态文明对农业文明和工业文明既有继承的部分，也有超越和发展的部分，是在反思工业文明的弊端中发展出新的文明形态。

生态文明阶段的人类生产生活活动会尽力消除对大自然的损害，逐步与生态环境相协调。生态文明时代的行为准则与价值关怀更提倡人自身的全面文化发展，而不是物欲奢求；生态文明将引领人类放弃工业文明时期形成的重功利、重物欲的享乐主义，从心灵深处祛除人类为了放纵欲望而残害自然生态的冲动。

20 世纪八九十年代，中外学者不相前后地关注生态文明问题，提出了生态文明的概念，并把生态文明作为工业文明之后的一种文明形态。如果从原始文明、农业文明、工业文明这一视角来观察人类文明形态的演变发展，那么可以说，生态文明是人类社会发展的潮流和趋势，不是选择之一，而是必由之路。它是人类社会发展史上的一个新的历史阶段，是人类迄今可以预期的新型的文明形态。在处置人与自然的关系方面，目前还看不出哪一种文明形态比生态文明的追求更为合理而有效。

人类正在从对大自然的征服型、掠夺型和污染型的工业文明走向环境友好型、资源节约型、消费适度型的生态文明。虽然各国“启程”的时间各有不同，具体路径也各有差异，但大有殊途同归之感。当然，走向生态文明的道路并不平坦，同时也很漫长。人类文明的进步需要耐心和毅力。

生态文明建设是百年大业，千年大业，需要稳定持续，持之以恒，坚持科学精神，尊重生态规律。唯意志论、大跃进或“跨越式思维”，是难以成事的。

Chapter 8

第八章
生态文明建设的意义及其技术可能性

对中国而言，
生态文明建设不是闲情雅致，
不是富而求奢，
而是国家安全的急务，
经济建设成败的关键，
民生幸福的依托，
关系到中华民族的日子还能不能过下去的大问题。
这么重要的事业是否具有实践可行性？
它会是可望而不可即的空中楼阁吗？
这是最令人关注的。
人类文明的每个发展阶段
都必须有自己的技术操作体系作为实际支撑。
生态文明时代的可行技术体系是否已经在创建中？
它的系列成果有哪些？
在可预见的未来，
还能够做些什么？

第一节 生态文明建设为中国赢得生态安全

1987年，世界环境与发展委员会报告《我们共同的未来》中提出生态环境安全的概念，认为良好的生态环境安全是社会的根本。

社会和国家的存在需要安全，像每个人的生存需要安全一样。为此，社会和国家需要建构自己的安全体系。一个国家的安全体系中包括主权安全、经济安全、军事安全、粮食安全、能源安全、信息安全，等等。更需要生态安全。生态安全是人民与国家存在的最具基础性的安全。其他很多安全是直接建立在生态安全基础上的。因此，破坏生态安全就是破坏人民与国家的整体安全的根基。

“生态安全底线”如同国家其他领域安全的底线一样，绝不允许突破。正是出于这样的底线思维，中共十八大报告指出：“建设生态文明，实质上就是要建设以资源环境承载力为基础、以自然规律为准则、以可持续发展为目标的资源节约型、环境友好型社会。”

建设生态文明需要“以资源环境承载力为基础、以自然规律为准则”，这是两个绝对前提。资源环境的承载力是可以量化的，是有极限的。它所以有极限，这是由自然规律决定的。在一定的生态空间里，生物体的物质和能量转化能力不可能是无限的，因此生物体的“生态生产力”也就是有限的，所提供的生态产品也就是有限的。不可能是“人有多大胆，地有多高产”。生物界按自己的自然规律所生产的生态产品数量与人的胆量和意愿无关。

草原载畜量是资源环境承载力的一个具体而鲜明的例证。在不影响草原自我恢复能力并保证家畜正常生长发育的前提下，一定时期内的草原单位面积上能够供养家畜的确定数量，就是载畜量。

草原的自我恢复能力和家畜正常生长发育，这是有一定自然规律的。在不违反这些规律的条件下，一定时间内供养一头牲畜需要多大面积的草场，这是一个定值。这个定值就是这块草场的环境资源承载力。当然，人可以通过改良土壤和草种、施肥和灌溉等方式，来提高牧草产量，提高草场的载畜量。但是，这些人工手段也不是万能的，这些技术条件也不是可以无限供给的。最终，草场的环境资源承载力依然是一个有上限的定值。

我们把从草场问题所获得的资源环境承载力认知放大到国家。先从一个国家的土地能够提供给国民的食物极值说起。一个国家的土地能够提供的食物产品承载力是指在一定的投资水平下持续利用时，一个国家的土地资源能够给国民提供足够食物的生产能力。这里面的“足够”，指的是所供

左：云南省滇池面源污染（摄影：蒋柱檀）

右：过度放牧是许多发展中国家面临的一个自相矛盾的问题——由于经济不发达而过度放牧，从而引发诸多生态问题拖累经济发展。

养的国民要达到一定的营养水平。如果国民没有达到一定的营养水平，而只是半饥半饱，营养不良，那就可以说，这个国家在现有投资和技术条件下的土地食物产品承载力已经被压垮了。恢复到其承载力平衡大致有如下选择：减少人口。这一般在短时间是难以做到的；加大对土地的资金和技术投入——很严峻的问题是，有没有这么多资金与技术来保持长期和稳定的投入。

还需要考虑的问题是，一个国家的土地不可能全部用来生产食物，还要留出相当部分用于建设道路、工厂、民居，以及留出必要的生态用地，如此等等。那就会出现：国土的城市化用地承载力，国土的工业化用地承载力，等等。也就是说，土地用途分配也要有一个平衡，而不是无限用于某个领域。这种土地供给的限制也是一种承载力限制。这种限制就决定了土地利用的国策安排不能比例失衡。

同样，对于一个国家而言，矿产等其他资源也存在环境资源承载力的上限。超过了这个上限而想进行弥补，那就只有去抢或买。在现代国际社会，以暴力抢夺资源，是反人类行为，风险和代价大到发动者支付不起。人类发展贸易，就是要以和平手段，在日益扩大的区域内调配资源，弥补国家小区域内的承载力不足。全球化时代的资源国际市场化调配，就更是如此。一个国家的自有资源环境承载力不足，可以到国际市场上以购买的方式来弥补。接踵而来的问题是，在国际局势不确定性严重的条件下，一个国家没有充分考虑自有的环境资源承载力，而在较大程度上依靠国际市场的资源获取，会导致国内经济对外依存度过高，这也将削弱自身经济发展安全。对大国而言，这个问题更加突出。一个大国不可能靠外部的环境资源承载力“托起”自己的稳定发展。

同时要看到，世界各国都在追求发展，国际社会普遍的资源环境承载力不足问题日益严重，国际市场的供给必有上限。国际市场上的“东西”都是这同一个地球的产物，地球的环境资源也是有限的，毕竟只有一个地球，当全人类的消耗压垮了地球承载力的时候，那就是全球危机爆发的时

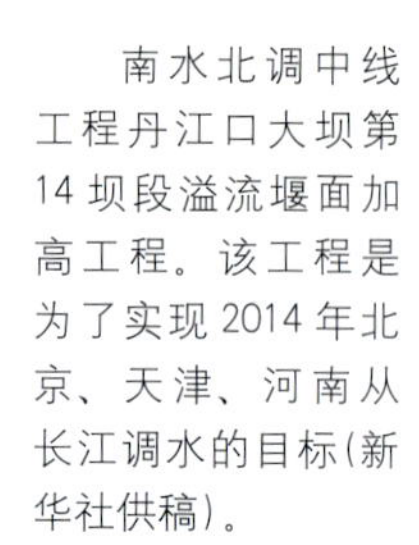
南水北调中线工程丹江口大坝第14坝段溢流堰面加高工程。该工程是为了实现2014年北京、天津、河南从长江调水的目标(新华社供稿)。

刻到来了。

资源是多样多类的。某一种重要资源的短缺会成为“水桶的短板”，动摇整个发展格局。北京地区严重缺水，就这一个短板如果不能弥补，足以拉低所有优势。于是，向地下索取，导致地下水位迅速下降；地表水也不够使用。这就是北京地区水资源的承载力严重不足了。于是，从全国范围内考虑，跨区域调配，从山西、河北的水库中调取。再不够时就“南水北调”。为了补偿首都水资源环境承载力不足，投资是巨大的。

中国西部，极度干旱区内的人民长期在水资源极度匮乏的条件下生活，有些村落在保证最低限度需求的水源都丧失之后，只好搬迁“就水”。这就是水资源环境承载力系统彻底崩溃又无力补偿的结局。

人类不能幻想环境资源承载力是无限的，太阳下面不存在生态物质产品无限供给的生态环境，必须“以资源环境承载力为基础”来考虑问题。这就决定了，国家决策机构、具体生产单位，乃至普通公民，都必须有对于生态环境的“红线意识”和底线思维。这绝不是泛泛之论。诚如中共十八大报告所说，这是建设生态文明，建设资源节约型、环境友好型社会所必需的思想意识。以这样的思想意识为出发点，才会真正懂得可持续发展的重要性。不考虑“环境资源承载力”的发展一定是不可持续的，是短命的，是在拿国家和民族的命运做“短线投资”，做根本不会出现胜算的赌博。

生态系统承受人类索取资源的崩溃临界点就是“生态安全底线”。当生态退化达到一个程度时，自然生态系统将无力为人类提供服务，人类也因此将难以在地球上生存和发展。也就是说，当生态系统提供的生态产品已经不够人类活下去的时候，生态安全系统就崩溃了。那时候，可以让人呼吸的清洁空气、可供饮用的洁净淡水、能够生长食物的土壤等，都“不能用”了，它们提供的产品让人“不够活”了。那人类就只剩下“自裁以谢罪于万物”。

时刻从环境资源承载力基点出发来考虑发展问题，有效应对生态危机，能够有效巩固生态安全。

2013 年 7 月 24 日，国家林业局召开全国林业厅局长座谈会。会上宣布启动“生态红线”保护行动，划定林地和森林、湿地、荒漠植被、物种四条国家生态红线，这四条生态红线是：全国林地面积不低于 46.8 亿亩，森林面积不低于 37.4 亿亩，森林蓄积量不低于 200 亿立方米；全国湿地面积不少于 8 亿亩；全国治理宜林宜草沙化土地、恢复荒漠植被不少于 53 万平方千米；各级各类自然保护区严禁开发，现有濒危野生动植物得到全面保护。

红线圈定范围内的保护区域限制开发利用，实行永久保护。以维护生态平衡，促进经济社会可持续，保证国土生态安全，保护民生福祉。

划定“生态红线”也是中共十八届三中全会的生态政策部署。

生态红线保护行动的主要措施有：通过实施重大生态修复工程，不断恢复森林和湿地，有效补充生态用地数量，确保全国生态用地资源适度增长；加强林业改革创新，全面增强生态林业、民生林业发展动力；运用法律手段和其他有力措施，坚决维护国家生态安全，保障人民的基本生态需求。

国家生态红线是维护国家生态安全的最后防线。全面建设生态文明的国家战略，促使生态红线的划定，这是对国家生态安全体系的巩固。

此前，中国相继设立了人口红线、耕地红线和水资源红线，用以约束相关风险。在实施生态文明建设的基本国策中，建立生态红线制度，对生态风险予以深度评估，既可以在更高的层面上巩固生态安全国策，又能够

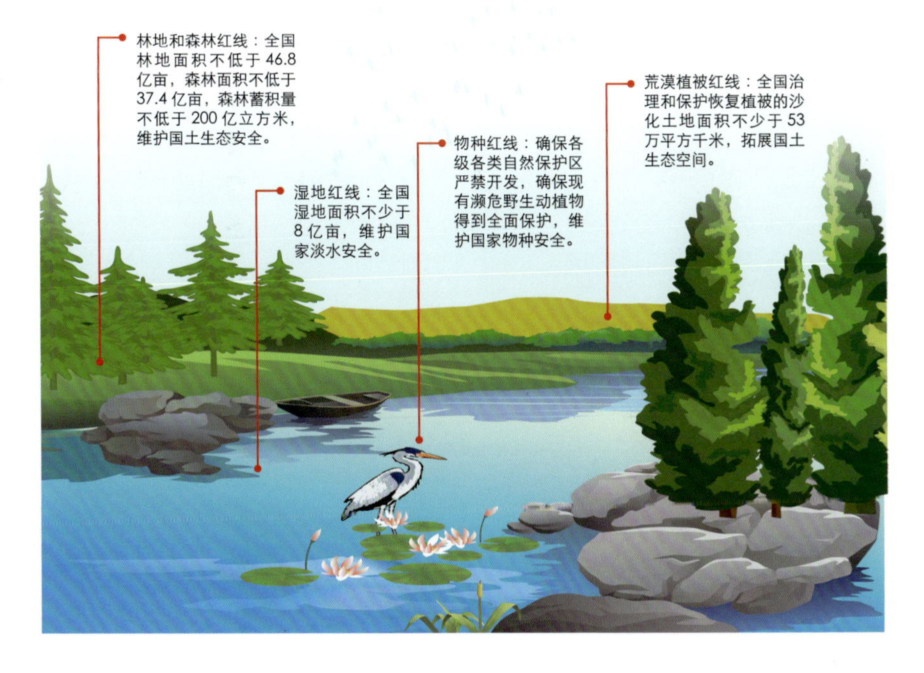

2013 年 7 月 24 日，在国家林业局召开的全国林业厅局长座谈会上宣布启动“生态红线”保护行动。

以底线思维强化环境保护领域的具体实践。根据自然生态系统完整性和自我修复的基础能力，划定生态环境保护基准，能够保证我们不在生态安全方面犯下终极错误，预防全面崩溃性生态灾难。

经济社会的发展必须在环境可承载的范围内进行。超过了这个底线，不仅危害当前，还会危及和影响长远的发展。

中国生态安全的现状是，赤字大，欠账多。生物多样性保护形势严峻，物种栖息地受到侵占和威胁，生物资源过度利用和无序开发；外来物种入侵加剧；土地退化严重，年均土壤侵蚀量占全球总量的1/5。如此等等。这些都是生态不安全的表现。

生态红线体系有助于保障和维护国土生态安全、人居环境安全、生物多样性安全。只有划定红线，加大生态修复和保护力度，切实保护好现有森林、湿地、海洋、草原等生态系统以及野生动植物及其生物多样性，尽快扭转生态系统退化、生态状况恶化的趋势，中国才能稳定立足于生态安全线以上，实现建成生态文明社会的目标。

生态文明建设所打造的生态安全不仅是国家与社会的安全，也是每个人的安全。1989年，国际应用系统分析研究所(IIASA)在研究报告中指出，生态安全就是人的生活、健康、安乐、基本权利、生活保障来源、必要资源、社会秩序和人类适应环境变化能力等方面不受威胁的状态。

在构成每个人安全生存的条件系统中，生态安全是不可或缺的要件。

黄河流域生态屏障——山西省永和县黄河护岸人工林

它是一个人的基本生存保障，也是一个人的基本权利。为了自己尊严地活着和活着的权利，每个人绝不能对生态文明建设事业置身事外。

第二节 生态文明建设保障经济社会可持续发展和民生幸福

一、工业文明带来的生态困惑

从先行工业化国家的历史看，工业文明为它们带来巨大财富，但也曾造成过严重的环境问题。这个历程在当今世界的许多发展中国家那里，还在重演。

相对于世界三百多年的工业化史而言，中国改革开放三十多年的高速工业化发展期是短暂的。这短暂的历程也把西方三百多年工业化史中的环境冲击史重演了。由于是“浓缩式”重演，有些环境问题就显得更加沉重，以过于沉重的资源环境代价换取迅速飙升的高增长，资源环境问题很快成为经济社会发展的瓶颈。

2012 年，中国能源年消耗量占全球总量接近 20%，这一年中国 GDP 总量占全球总量约 10%。这个比对极为醒目地表明了中国能源利用率的基本状况。大致上等于说，中国烧掉 2 斤煤所创造的产值，世界的平均水平是烧上 1 斤煤就能够做到。而跟发达国家相比，这个数值就更加醒目：中

地球上的资源不可能是无限的，所以约束消费资源，就可以保持资源的良好循环。

石光银：创造奇迹的治沙英雄（康建娥供稿）

国 GDP 单位能耗是西方发达国家的 4 ~ 5 倍，甚至更高。中国煤炭消费量相当于世界其他国家的总和，石油消费量一半以上靠进口。铁矿石、粗钢、水泥等的消耗量遥遥领先于其他国家。这些让全世界为之瞠目的高消耗，其伴生物就是居于“领先”数量的高排放。并因此造成严重的环境污染和生态系统退化。这种工业化所付出的生态代价已经让中国支付不起。生态文明国策的提出，正是立足于“资源约束趋紧、环境污染严重、生态系统退化的严峻形势”。

中国工业化起步晚，历史累积排放量比发达国家低很多。但同时也要看到，中国近些年来的高速发展使全球的资源消耗和工业排放格局发生了较大的变化，这对于世界环境无疑造成了压力，并因而引发国际社会关注。来自国际社会的这种负面关注会转化为中国的外交压力。当今时代，“气候外交”和“环境外交”已经成为国际政治的重要内容。中国国内的排放问题过大，会在外交方面授人以柄，造成较大负面影响。

中国面临的生态现实是，资源、环境、生态压力持续增大，主要污染物排放总量超过环境承载能力，环境质量恶化趋势加剧，环境突发事件频发，因此而引发的群体性事件递增，环境投诉以每年 30% 的速度增长。严峻的环境形势已经严重影响经济的可持续发展和公众健康，乃至危及社会稳定。

当今时代，高排放造成的污染问题已经绝不仅仅是水脏了、空气浊了这样的“小事”，它会直接造成“内外交困”的“国难”。面对环境问题的攻坚克难，事关政治、经济、民生、外交，以及民族的未来命运。直面现实，只有坚定实施生态文明国策，才能有力扭转这个局面。这不再是提倡式的软性口号，而只能是强有力的法律法规体系制定及制度建设以及强有力的执行保障。面对现实，这已经“没商量”。

二、生态建设的成功案例

在现实中，一个现代国家从顶层设计、制度建构，到具体运作，扎实按照生态文明理念予以实施，是可以阻止环境破坏，让受损生态系统得以恢复的。科学合理的工业化并不必然带来高污染。这不是纸上谈兵，而是有成功先例可以佐证的。

在亚洲，日本、韩国、新加坡三国都是资源贫乏型国家，其生态环境都曾因战争和过度工业开发而受到严重损害。它们在推进工业化的同时或在实现工业化之后，都极为注重环境保护，以严格的环保指标约束产业发展，产业体系建构服从生态环境，最终得以依靠优宜的生态条件吸引高层次投资。这样长期努力的结果是，经济结构日趋合理。这样的产业路线基本上实现了资源节约和环境友好。经济社会发展与生态建设实现了良性互动。

中国生态产业的区域性实施得以成功，同样可以证明中国产业体系生态化的可行性。

苏州工业园区始建于 1994 年 5 月，是中国和新加坡两国政府的合作项目。园区积极借鉴新加坡经验，规划编制中坚持功能分区、项目分类、清洁能源、雨污分流、总量控制、生态绿化等六大原则，将生态环保理念纳入各项规划。并于 2003 年编制了生态工业示范园区的建设规划，构建了功能分明的环境保护和建设规划体系。

园区狠抓环境基础设施建设，实现了污水全部达标处理，实现了区域污水水质智能远程监控。园区将循环经济理念融入环境基础设施建设中，园区企业工业用水重复利用率已达 91.5%，年节约用水达 1000 多万吨。园区污水处理厂中水回用，供给热电公司作为冷却水和补给水。

2009 年初，园区正式启动了污泥干化焚烧项目，日处理湿污泥 900 吨。工程采用安全、环保、节能的工艺，利用园区热电厂生产的蒸汽，把园区污水处理厂产生的湿污泥干化。干化污泥与煤掺和后，送入热电厂作燃料。以上措施有效地减少了区域污染物排放总量。

园区努力引导企业从产品设计、原料选用、工艺控制、厂房建设等不同层面，开展清洁生产、中水回用、节能降耗和绿色建筑等试点，贯彻“减量第一”的最基本要求，切实降低企业本身的资源消耗和废物产生，降低园区总的物耗、水耗和能耗。

园区深入开展太阳能利用示范项目，建成了太阳能综合利用系统，把传统的电线路灯逐步替换为太阳能路灯和 LED 路灯。还有太阳能的其他利用方式在园区逐步扩展。

苏州工业园区始终坚持“环境立区、生态立区”的科学发展理念，通过优化提升产业结构、转变经济发展方式、构建生态产业链等途径，不断推动绿色经济，实现了经济、社会、环境的协调发展，营造了良好的投资

苏州工业园区中新生态科技城翡翠湖湿地公园

中新天津生态城，是世界上第一个国家间合作开发建设的生态城市。这是中国和新加坡两国政府继苏州工业园之后合作建设的第二个项目。

环境和人居环境，将园区提升成为集可持续发展、社会责任和绿色生活于一体的生态工业园区。

生态工业园的雏形在 20 世纪 70 年代始于丹麦卡伦堡。这个生态工业园由丹麦最大的火力发电厂、炼油厂、生物工程公司和石膏材料公司等企业组成。各企业相互间交换蒸汽和用水，以及生产过程中的各种副产品，逐渐形成一种“工业共生体系”。其中投资 6000 万美元建成的 16 个废料交换工程，每年的效益达到 1000 多万美元。

从此，生态工业园区模式受到重视，并在世界范围内被仿效。其现存标准模式是：依据循环经济理念、工业生态学原理和清洁生产要求，把不同工厂和产业联系起来，形成资源共享和互换副产品，形成产业共生组合，建立“生产者－消费者－分解者”的循环方式，寻求物质闭合循环和能量多级利用。

三、中国生态建设的追求

数十年来，世界范围内的有效探索，已经让世人看到了生态型工业的现实可行性。这样的工业化路径可以带领人类走出高消耗、高排放的传统型工业，实现产业的可持续发展，并且不会损害自然生态与人类健康。

传统型工业文明即使让人拥有了不断提高的物质财富量，但却不足以提高人的幸福感。

2013年3月4日下午，习近平看望全国政协十二届一次会议的科技界委员，并参加他们的联组讨论时，中国科学院院士、政协委员姚檀栋当面诵读描写环境污染的《沁园春·霾》：

北京风光，千里朦胧，万里尘飘。望四环内外，浓雾莽莽，鸟巢上下，阴霾滔滔，车舞长蛇，烟锁跑道，欲上六环把车飙。须晴日，将车身内外，尽心洗扫。

空气如此糟糕，引无数美女戴口罩，惜一罩掩面，白化妆了，唯露双眼，难判风骚。一代天骄，央视裤衩，只见后座不见腰。尘入肺，有不要命者，还做早操。

这首民间流传的《沁园春·霾》，亦庄亦谐地形象描述了环境污染的严重情况，痛切传达了污染对民生的危害。这位政协委员在这种场合下的背诵，成为一种独特的进言方式。

曾有人这样总结，30多年前人们求温饱，现在要环保；30多年前人们重生活，现在重生态。这样的变化说明，随着经济的快速发展，生活水平得到显著改善的人民群众，开始把生态质量作为高品质的生活重要条件，作为人生幸福的衡量指标之一。对干净的水、新鲜的空气、洁净的食品、优美宜居的环境等方面要求越来越高。建设生态文明，为人民群众创造良好生产生活环境，是改善民生的需要，是社会管理质量的体现。就此而言，保护生态环境，建设生态文明，可谓是涉及面最广、受益人数最多的重大民生工程。

近年来，不断爆发的水环境危机，重金属污染事故，全国范围的大规模雾霾天气，使得环境形势已经触及人们生存和健康安全的底线。在这样的生态环境中，即使是经济相对发达地区的人民，也不因物质财富拥有量明显增加而有同比增长的幸福感。

资料表明，中国因环境问题诱发的群体性事件数量呈现出逐年增加的趋势，自1996年以来一直保持年均接近30%的增速。从2005年算起，引起较大舆论关注的就有以下案例：2005年4月，浙江东阳市“4.10”环保事件；2007年6月，福建厦门化工项目引发众多村民不满事件；2008年8月，云南丽江兴泉村水污染引发村民抵制事件；2009年11月，广东番禺兴建垃圾焚烧厂引发群众抵制事件；2011年8月，辽宁大连化工项目引发群众抵制事件；2011年9月，浙江海宁丽晶能源公司污染环境引发群众抵制

恢复生态任重而道远。图为河北秦皇岛市青龙满族自治县的燕山冶金铸造有限公司两座容量为380立方米的炼铁高炉爆破拆除现场(新华社供稿)。

事件；2011年12月福建海门华电项目污染引发群众堵路事件；2012年4月，天津一化工项目开工引发市民“集体散步”，表达自己的不同看法；2012年7月，四川什邡环保事件和江苏启东环保事件；2013年5月4日，近3000名昆明市民聚集在昆明市中心的南屏广场，质疑即将在昆明安宁新建的PX（对二甲苯）化工项目。市民手持标语，上面的词语发人深省：“还我美丽昆明，我们要生存，我们要健康，PX项目滚出昆明”、“以自然为本、反对以资本为本”、“全球的石化城很多，昆明春城只有一个”等等。

导致这些群体性事件的因素是很复杂的，背后的原因是多方面的，但越来越多的事件由环境问题而引发，至少说明了人民群众的生态环保意识逐步觉醒。以至于生态理论研究领域有人提出，应该尊重和保护人民群众的“环境权”。从切近之处说，在这样的社会心态氛围中，加大环境治理力度，推行各种生态法律法规的落实，加速生态文明建设，真正是“民心可用”。从历史深处看，中国人民热爱美好自然的传统文化心理，正在现代生态文明建设的大趋势下，被全面激活。

生活在中国文化传统中的心灵，对于良好自然环境的体会一直敏感而精致：

“从小丘西行百二十步，隔篁竹，闻水声，如鸣佩环，心乐之。伐竹取道，下见小潭，水尤清冽。全石以为底，近岸，卷石底以出，为坻，为屿，为嵁，为岩。青树翠蔓，蒙络摇缀，参差披拂……”

这是传诵千古的山水佳作《小石潭记》。被贬谪在僻远之地的柳宗元心情压抑。但优美的山水疏解了他的胸中郁结，永州的生态之美为他黯淡的谪居生活增添了一抹亮色。自然美景从来都是人间喜乐的重要构成元素。

当代社会的人们在忙碌工作之余，也希望找到这样的休闲场地：天朗风柔，花香蝶飞，林碧草青，鸟唱虫鸣。

“无山不绿，有水皆清。四时花香，万壑鸟鸣。替河山妆成锦绣，把国土绘成丹青。”这是新中国第一任林业部长梁希先生的名言，也是梁希先生的梦想。

生态文明强调，人们在满足物质需要和精神文化需要的同时，还应享有质量优宜的生态环境。这确实是人的基本生存权利之一。如果生态环境遭受污染，生态平衡遭受破坏，严重影响人的生存，就谈不上享受，也损害了人的基本权利。优美的生态环境大大有利于人的身心健康和全面发展。

所以，生态文明时代特别强调以优宜生态为基础的宜居环境。无论城乡，都应该是“宜居”的。生态环境优美宜居是人民生活幸福的显著标志，是建设美丽中国的必备条件，有利于增强人民群众的幸福感，有利于增进社会的和谐度。以良好的生态环境与人文社会环境相匹配，使人间幸福得以完善。

创建优美的宜居环境以提高生命价值为宗旨，倡导绿色消费、鼓励节约资源，这既有利于人自身的健康，又有利于生态环境的良性循环。

提倡绿色消费方式，要求人们能以一种健康合理、科学文明的姿态步入新的生态文明时代，抛弃过度消费、超前消费、高消费的畸形消费观，从追求奢华、浪费的生活方式中摆脱出来，改变人们对资源的强烈占有心态。

生态文明建设为中国带来经济发展的可持续性与民生福祉，这是它与我们每个人最为切近的关系。

目前我国已有广州、杭州等14座城市被授予“国家森林城市”称号。图为国家森林城市陕西省宝鸡市。

第三节　生态型技术是生态文明建设的重要支撑力

一、生态文明社会需要新能源

建设生态文明社会的目标是宏伟的，设计的愿景是壮丽的。接下来极具现实性的问题是：通过什么样的路径到达那个理想境界，其工作是否具有技术上的可实现性。任何美好的政治愿望和建设理想，都离不开扎实周密的技术支撑，都必须有实践的可行性。否则就是“可爱的空谈”。有了可行的路径和可实际操作的技术，生态文明社会的建设才不会是空中楼阁。

建设生态文明社会的首要资源问题，无过于能源。

无论是哪个历史阶段的社会，能源都是发展前行的主要动力。到工业社会和后工业社会尤其如此。

传统型的工业社会大量采用石化能源，造成了严重的环境负担：开采和挖掘破坏了大面积的土地和山原植被，运输和储存也要支付很大代价。其燃烧更是造成严重污染。因而被称为“黑色能源”。而且，石化资源毕竟在地球上存量有限，总有消耗殆尽的一天。生态文明社会显然不能主要依靠石化能源而建构。

生态文明社会要实现可持续发展，必须从“能源革命”入手，实现新能源的广泛利用。

自然界广泛存在着绿色能源，诸如太阳能、风能、潮汐能，以及各种生物能。这些能源都是较少造成环境负担的，是可再生的。

太阳能和风能是目前利用较多的绿色能源。中国有广阔的荒漠，那里是常年阳光灿烂的地方，可以成为收集并利用太阳能的广阔空间；那里同样是长风劲吹的地方，也可以成为收集并利用风能的高天阔地。在荒漠上建立广阔的太阳能和风能基地，还不必支付占用优质土地的代价，并使荒漠产生新价值。

左：郑州首座垃圾填埋电厂并网发电，年节约标煤近 9000 吨。该发电厂是郑州地区首座利用沼气发电的新能源项目(新华社供稿)。

右：图为北京市延庆县的八达岭太阳能热发电站。该县是北方太阳能、生物质能、地热能、风能、水电等可再生资源最丰富的地区之一(新华社供稿)。

太阳能和风能也是目前被谈论较多的新能源。中国太阳能热水器的利用规模和风电装机的增速，已经全球第一。

其他一些新能源一方面正在继续深化基础研究；另一方面是把目前已经成熟的技术迅速推广应用，尽早收到广泛的实效。

在生物质能源方面，主要还是源于生物多样性所赐。

1. 生物质能

生物质能是以化学能形式贮存在生物质中的太阳能。植物可以通过光合作用获取和转化太阳能，动物和微生物则可以通过获取植物能而间接转化储存太阳能。所有来源于动植物的能源物质均属于生物质能，这是一种不会产生环境危害的能源。

生物质能可转化为常规的固态、液态和气态燃料，是一种可再生能源。如农作物及其废弃物、农产品加工过程的下脚料、木材、农林废弃物和动物粪便等，均含有生物质能。利用这些生物质生产沼气，是把它们转化为气态燃料的常见方式。

生物质能源总量丰富，分布广泛。地球每年经光合作用产生的生物质有1730亿吨，其中蕴含的能量相当于全世界能源消耗总量的10～20倍，但利用率不到3%。据世界自然基金会预计，全球生物质能源每年潜在可利用量达350×10^{18}焦耳，约合82.12亿吨标准油，相当于2009年全球能源消耗量的73%。目前中国生物质资源转换为能源的转换率还相当低，约5亿吨标准煤，其上升空间比较大。

在传统的天然化石能源日渐枯竭的背景下，生物质能源是理想的替代能源。据推测，到22世纪中叶，采用新技术生产的各种生物质替代燃料将占全球总能耗的40%以上。

2. 光合放氢

氢能是公认的清洁能源，氢取代化石燃料能可以最大限度地减弱温室效应。其作为低碳和零碳能源正日益受到重视。氢气通过液化或固化，可以缩小体积，方便储运和使用。氢气作为燃料的最大难题是获取成本较高。

科学家们发现，一些微生物可在阳光作用下制造氢。1939年，美国芝加哥大学汉斯教授发现，一种单细胞绿藻——莱茵衣藻，在生长过程中有时候会停止产生氧气，转而释放氢气。前苏联的科学家们已在湖沼里发现了这样的微生物，他们把该微生物放在特殊器皿里，就可以收集到这种微生物产生的氢气。

蓝绿藻等许多藻类在一定条件下都具有光合放氢功能。后来人们又发现，许多原始的低等生物在新陈代谢的过程中也可放出氢气。日本已找到一种叫做“红鞭毛杆菌”的细菌，就是个制氢能手。这种细菌制氢的效能颇高，每消耗5毫升的淀粉营养液，就可产生出25毫升的氢气。其商业开

2014 年 1 月，丰田汽车公司的FCV氢动力概念车在车展上展出，氢动力汽车的尾气只排出水（新华社供稿）。

发价值是可以期待的。

那些长期被人忽视的微不足道的甚至是原始而低等的细菌和藻类等，随着科学认知的深入，正在显示出新的价值，有可能对生态文明建设做出特殊贡献。这就是生物多样性的无穷价值。

3. 生物柴油

生物柴油是又一种生物质能，它是生物质利用热裂解等技术得到的一种长链脂肪酸的单烷基酯。生物柴油是含氧量极高的复杂有机成分的混合物，这些混合物主要是一些分子量大的有机物，几乎包括所有种类的含氧有机物，如：醚、醛、酮、酚、有机酸、醇等。复合型生物柴油是以废弃的动植物油、废机油及炼油厂的副产品为原料，再加入催化剂，经专用设备和特殊工艺合成。

2005 年 6 月 4 日，《中国环境报》报道：清华大学生物酶法制生物柴油中试成功，新工艺在中试装置上获得的生物柴油出产率可达 90% 以上。中试产品技术指标符合美国及德国的生物柴油标准，并满足中国 0 号优等柴油标准。中试产品经发动机台架对比试验表明，与市售石化柴油相比，采用含 20% 生物柴油的混配柴油作燃料，发动机排放尾气中一氧化碳、碳氢化合物、烟度等主要有毒成分的浓度显著下降，发动机动力特性等基本不变。

以地沟油为原料生产生物柴油，成本低廉，约为 3058 元 / 吨，有广阔的市场空间。更关键的是，用地沟油生产生物柴油，可有效阻止地沟油进入食品市场。英国、日本等国家已成功将餐饮业废弃物开发出了生物柴油，供汽车使用。

利用“工程微藻”生产柴油，为生物柴油生产开辟了一条新的技术途

径。美国国家可更新实验室 (NREL) 通过现代生物技术，在实验室条件下，使“工程微藻”中的脂质含量增加到 60% 以上，户外生产也可增加到 40% 以上。微藻生产能力高，用海水作为天然培养基，比陆生植物单产油脂高出几十倍，生产的生物柴油不含硫，燃烧时不排放有毒害气体，其本身也可被微生物降解，不污染环境。这样的生物质燃料制取技术都在积极探索，并表现出诱人前景。

新能源技术正在开辟出越来越多的领域，为生态文明建设创造着前景动人的绿色能源天地，它们都将为生态文明时代提供永不枯竭的发展动力。

二、传统产业在生态文明建设中焕发新生

传统牧业和传统农业在当代中国还有相当份额的存在。在这样的时期开始追求生态文明建设，该怎样合理处置这些传统产业？生态文明建设与这些传统产业会发生怎样的关系？是把它们看成拖累，任其自生自灭，还是以更为合理的方式使之获得新生？答案显然是后者。

生态文明的历史进步性之一就表现在，它具有包容性。对于在中国的特殊国情中建设生态文明，当然需要探索一些妥善包容传统和利用传统的有效途径。只有这样，中国的生态文明建设才具有现实的可行性。

1. 巴音胡舒案例

从北京向正北走 180 千米，就到达了浑善达克沙地。浑善达克沙地总面积 5.3 万平方千米。20 世纪五六十年代，这里的植被覆盖率在 70% 以上，植被覆盖区野草高度可达 1 米以上，野生动物到处可见。然而，进入 21 世纪以来，由于连年超载过牧，这里的生态严重退化，有些地段寸草不生。明沙面积显著扩大，流沙滚滚，沙尘暴频发。

自 2000 年开始，中国科学院的科研人员在那里开辟了一块实验区。经过 10 年 (2001 ～ 2011 年) 努力，在严重退化的沙地上恢复出了一片绿洲。他们恢复成功的生态系统类型，与非洲的稀树疏林草原相似。

这片项目区位于内蒙古正蓝旗巴音胡舒嘎查（嘎查是蒙语，行政村的意思）。这个嘎查有 72 户牧民，288 口人，面积 12.6 万亩，土地上有流动沙丘、半固定沙丘、固定沙丘、滩地、湿地，共 5 种景观类型。科研人员选择严重退化的 4 万亩土地进行试验，其中 1000 亩作高效地，占 4 万亩土地的 2.5%。在高效地上进行高投入，打井、架电、修路。而在剩余土地上，基本不投入，只建围栏，任其自然恢复。大面积退化沙地草地封育后，采取“以禽代畜”的做法，以饲养鸡鹅等禽类替代牛羊，既增加牧民收入，又减少草场负担。自 2005 年起，带动牧民先后养殖 10 万只鸡。禽蛋产业发展得相当好。

在没有食草牲畜破坏的前提下，沙荒地被压制的生态生长力得到充分

释放。2002年6月，科学家们高兴地发现，封育的自然恢复区草层高度达1.43米，产草量每亩为2650千克（鲜重）；2003年，滩地草丛最高达1.85米，生物量超过每亩3250千克鲜重。比高投入的饲料地上的生物产量更丰厚。2008年，自然生长的榆树高度已达5～8米。自然恢复区内植被总盖度达60%。2011年已形成稳定的群落。固定沙丘生物量提高了3.8倍，丘间低地提高9倍。野生动物中，野兔、沙狐、大雁、灰鹤甚至狼，又回到了这片土地上。

试验成功后，牧民由原来的每户每年买1万千克干草，到每户每年可分到3.5万千克干草。从此该嘎查结束了买草的历史。草原养鸡的效益也很可观。不计牧民劳动力成本，每只鸡净赚15元左右，超过牧民养牛羊1亩地的收入。

浑善达克沙地生态恢复产生了重大的科技与社会影响。2007年7月20日，美国《科学》杂志派记者到巴音胡舒生态治理区现场报道。2010年，美国大学教科书《地质与环境》在介绍全球不同国家治理荒漠化的成功案例时，引用了巴音胡舒案例。

这个案例证明，使用合乎自然规律的方法，完全可以在许多自然条件严酷的地方，实现一定程度的恢复。以现代生态科学的理念和方法，可以把传统产业带入生态文明建设体系中来。

2. 弘毅生态农场案例

2006年7月，中国科学院植物研究所弘毅生态农业科研团队在山东省平邑县创办了实验性的弘毅生态农场。该农场摒弃化肥、农药、除草剂、农膜、添加剂等技术，从秸秆、害虫、杂草综合开发利用入手，种养结合，实现元素循环与能量流动，生产纯正有机食品，推动城市社区支持农业，增加农民收入，带动农业大学生就业。他们创建“低投入、零污染、高产

弘毅生态农场林下养鸡

出”的农业，闯出了一条生态循环农业之路。

他们通过堆肥、深翻、人工加生物除草、物理加生物法防治病虫害、保墒等措施，整合“禽粮互作”优势，以实现粮食增产。在这个生产过程中，他们不使用化学灭杀方法，而是利用生物多样性与生态平衡原理，通过鸭、鸡、鹅、天敌昆虫、野生鸟类、人工除草等多种手段，控制病虫草害。在完全摆脱化肥、农药、除草剂、农膜污染环境下，由于作物生长环境健康，露天种植的作物病害很轻，对产量影响非常小。

采用现代常规农业模式的本地农民种植三季（小麦或大蒜、西瓜、玉米)，纯收入不足1000元/亩，而弘毅生态农场的有机农田净收入5000元/亩。在坚持不用化肥、农药、农膜、除草剂、添加剂等物资的前提下，该农场已成功将低产田(600千克/亩)改造成吨粮田(1028千克/亩)，充分显示了生态农业的强大威力。

实验开展七年来，已带动农场所在地蒋家庄村10户农民，开展秸秆养牛160头；带动蒋家庄以及周围村、乡镇等发展林下养鸡30000只；养蛋鸭300只；养笨猪150头；成立了由农民组成的“山东平邑乡土生态种植专业合作社”；带动蒋家庄建成沼气用户130户；带动蒋家庄村容整治街道900米。带动山东、河南、河北、内蒙古、甘肃、浙江、江苏、广东等地企业家和农民，从事有机农业，充分展示了科研示范作用，在全国累计推广有机农（草）业面积约14.5万亩。

弘毅生态农场通过质量过硬的有机食品得到市场认可，在保证产量不下降甚至还上升的前提下，杜绝了有害化学物质对耕地的伤害，保护了农业生态环境，最终证明生态学不是软道理。他们成功的法宝就是恢复生态平衡，充分利用生物多样性原理。尽量恢复并引近本地物种，正是那些物种发挥了重要的增产、增效、环保的作用。

弘毅生态农场的生态农业不采取与自然对抗的办法而提高农业生态系统生产力，保护生态平衡，保护消费者健康。

由于现代农业的诸多做法严重违背了生态学规律，不可避免地导致了土壤结构破坏，地力下降，超级杂草和超级害虫出现，益虫益鸟消失，生物多样性锐减，食品中有害残留物超标，环境污染等等。

如用除草剂替代人工锄草，其后果就是促进了杂草进化。为消灭杂草，就需要喷洒更多更毒的除草剂，这样作物就会受到影响；喷洒除草剂的数量和剂量增加，最终导致超级杂草出现。害虫防控也一样，在农业生态系统中，有害虫，也有益虫，还有益鸟。大量农药不仅灭杀了害虫，还误杀了益鸟益虫。更严重的是，害虫也对农药产生了顽强的抵抗力。这是因为物种繁衍是一切生物最根本的规律，害虫为了争取继续生存，就会努力强化自己，结果导致超级害虫出现。

发展生态农业，就要充分利用生物多样性原理，恢复生态平衡。其优点可以概括为：一是化肥用量减少。生态农业强调元素循环，将那些被城市消费者带走的营养通过绿肥或生物菌肥的方式回补给土地。二是农药大大减少。生态农业对害虫防控以预防为主，依靠的是物种之间的生态性平衡抑制。而不是待害虫爆发后靠化学物质灭杀。根据研究，这种方法可使农药用量在现有基础上减少 70% ~ 80% 而基本不影响产量。三是消除农膜污染。前期使用农膜可提高地表温度和湿度，兼有抑制杂草作用，但后期农膜是有害的。生态农业可根据作物生长习性，在不使用农膜前提下，保证产量与质量双赢，从源头杜绝二噁英等致癌物质向环境释放。

解决 13 亿人吃饭问题，要坚持立足国内。中国具备发展生态农业的有利条件，如再加上适度的合作化，搞就地城镇化，将大量人口稳定在广大的乡村或城镇，则对国家食物供应、环境保护和生态文明建设，功莫大焉。

三、循环经济

"循环"是生态系统的灵魂，自然界中无废物，生态系统中的分解者就是将废弃的物质乃至死亡的生命个体还原到环境中去，再被新生命吸收和利用。生态系统能够实现物质和能量的循环，主要依靠生物多样性，多种多样的生物各取所需，各司其职，优势互补，你之所弃正是我之所用，这就保证了自然界资源的利用价值最大化。

今天大力提倡的循环经济就是在自然界生态系统原理的启发下建立的现代经济发展模式。

循环经济，是指在生产、流通和消费等过程中进行的减量化、再利用和资源化经济活动。产业体系中循环经济具有以下特征：减量化、再利用、对废弃物加以资源化。

首先从源头上实现精准化生产，在生产起点上最大限度减少环境资源投入。这种"减量"甚至从设计阶段就开始了，追求生态化设计，建立相应制度，规定从事工艺、设备、产品及包装物设计的单位，应当按照节能降耗和削减污染物的要求，在不影响功能的前提下，按照物料用量最少原则设计，优先选择易降解、易回收、易拆解、无毒、无害或者低毒、低害的材料和设计方案。

其次是在生产过程中坚持"再利用"原则。一是在工厂内部循环，"自己的垃圾自己吃"，减少本生产单位的排放量。二是在工厂外部循环，把前一个工厂无法利用的排放物转移到下一家工厂中利用，拉长可循环的"产业链"长度。

第三是废弃资源再生。如果搞好废弃物的再生，资源匮乏和环境污染这两大世界难题就同时找到了解决途径。同时可以提高经济效益。利用经过冶炼的废金属比冶炼矿石，节能减排超过 80%；利用 1 吨废塑料可节约 4 吨原油；利用 1 吨废纸可少砍 17 棵大树；回收 1 吨废轮胎可拯救 5 亩热带雨林。

宁夏灵武市再生资源循环经济示范区内，废旧车辆经过分解加工后成为可再利用的橡胶胶粉和钢丝等材料（新华社供稿）。

日本对国内蓄积的可回收金属统计后得出：日本的金、银、铅、铟等蓄积量已居世界第一；铜、白金和钽位居世界前三位。一个矿藏匮乏的资源小国能够有如此丰富的金属资源，正是由于日本开展了60年的垃圾革命，通过回收国内外“垃圾”，使原料自给率达到80%，很大程度上摆脱了矿产资源的对外依赖。

中国第一、二产业的资源利用，还有很大的节约空间，这是因为中国传统经济模式是“三高一低”，即高开采、高消耗、高排放、低利用。目前中国再生资源利用量占总生产量的比重，比起国外先进水平低出很多，其中钢铁工业年废钢利用量不到粗钢总产量的20%，国外先进水平为40%。其他领域也有相似情形。

大力建设生态文明的当今中国，已经把促进循环经济发展，纳入国家立法推动的阶段。

近十年来，为了促进循环经济发展，国家先后出台了3部基本法律。分别为2003年1月1日起实施的《清洁生产促进法》；2008年4月1日起施行的《中华人民共和国节约能源法》；2009年1月1日起实施的《循环经济促进法》。

过去单纯抓环境保护，由于成本高、代价大，企业和地方政府积极性不高。现在抓循环经济，用循环经济的办法解决资源和环境问题，把资源节约、环境保护和经济效益有机地结合在一起，因而得到了社会各界的普遍欢迎。实现循环经济的关键在于“经济”本身，只要有利可图，就有人愿在循环方面下工夫，为之开发技术，建设工厂。

近年来，全国积极开展循环经济试点建设，先后涌现出了一批生态型企业和生态工业园区。它们的经验证明了循环经济在中国生态文明建设中的巨大价值和广阔前景。

为了促进循环经济发展，有关法律法规在源头上建立了一种总量控制的“倒逼”机制，以资源和环境的承载能力为限度，安排产业结构和经济规模，认定允许排放量。对超量者严惩严罚，迫使企业在节能减排降污方面下工夫，积极主动地采取节能、节地、节水、减排、废弃物回收等循环经济措施。

建立循环经济评价考核制度，有助于解决过去以 GDP 指标作为考核地方领导政绩主要标准的弊端，也有助于解决当前对循环经济发展状况评价标准不一等问题，为区域和企业发展循环经济提供科学的基础。循环经济指标体系既是考核政府发展循环经济绩效的重要依据，又是政府为企业提供资金倾斜、技术支持、税收优惠的主要参考。

在生产、流通和消费的全过程中贯彻资源节约意识，也属于循环经济范畴。

良好发育的循环经济体系，确实可以在保证经济效益的前提下，有力解决资源匮乏与环境污染这两大世界性难题。

生态文明社会的建成，必须有各个领域的生态型产业和构成这些产业的生态型技术作为坚实支撑。建设怎样类型的社会，就需要怎样类型的产业和技术作为实现手段。这是历史定律。

第四节　中国生态文明建设的主要成就

中国对生态建设和环境保护进行了长期不懈地探索，已取得重要成效。特别是中共十八大以来，以习近平同志为核心的党中央把生态文明建设作为关系中华民族永续发展的根本大计，从思想、法律、体制、组织、作风全面发力，全方位、全地域、全过程加强生态环境保护，开展了一系列开创性工作，决心之大、力度之大、成效之大前所未有，中国的生态环境发生了历史性、转折性、全局性变化，美丽中国建设迈出重大步伐。

一、扭转了千百年来森林资源持续下降的局面

在全球森林资源不断减少的情况下，中国已成为全球森林资源增长最多和人工林面积最大的国家。据国家林业和草原局公布的数据，到 2021 年，中国森林面积 2.31 亿公顷，森林覆盖率 24.02%，活立木蓄积量 220.43 亿立方米，森林蓄积量 194.93 亿立方米，人工林面积 0.88 亿公顷。与第一次全国森林资源清查结果（1973 ~ 1976 年）相比，森林面积增加 1.09 亿公顷，森林覆盖率增加 11.32 个百分点，活力木蓄积量增加 125.11 亿立方米，森林蓄积量增加 108.37 亿立方米，人工林面积增加 6431 万公顷。卫星监测数据表明，自 2000 年以来，全球新增绿化面积中的 1/4 来自中国。目前，中国仍在继续努力，力争增加更多的森林资源，为建设美丽中国、维护全球生态安全作出更大贡献。

二、实施了世界上规模最大的天然林资源保护工程

1998 年特大洪水后，党中央、国务院决定实施的天然林资源保护工程取得了重大成效。在此基础上，根据中央的部署，2014 年，在龙江森工集团和大兴安岭林业集团开展全面停止天然林商业性采伐试点。2016 年，在全国范围内全面停止了天然林商业性采伐。2019 年，中共中央、国务院办公厅印发《天然林保护修复制度方案》。到 2020 年，中国天然林保护累计投入 5000 多亿元，使 1.3 亿公顷天然乔木林和 0.68 亿公顷天然灌木林地、未成林封育地、疏林地得到有效管护，工程区已净增森林面积 2853.33 万公顷，净增森林蓄积量 37.75 亿立方米。“绿水青山就是金山银山、冰天雪地也是金山银山”“森林是集水库、粮库、钱库、碳库于一身的大宝库”“增绿就是增优势、护林就是护财富”，天然林保护区特别是东北林区正在按照

左：青海普氏原羚保护区管理站（新华社供稿）。

右：32 只来自陕南的朱鹮在秦岭以北的北方“新家”铜川沮河流域首次野化放飞后，已基本适应了铜川的冬天，不怕冷、会觅食（新华社供稿）。

习近平总书记的指示，践行“大食物观”，积极发展现代生物产业、现代生态养殖产业等特色产业，立志于重振雄风，再创佳绩。

三、结束了千百年来不断毁林开荒的历史

1999 ~ 2013 年，中国实施了第一轮退耕还林还草工程，取得显著成效。从 2014 年起，又启动实施了新一轮退耕还林还草工程。到 2022 年年底，中央累计投入 5700 亿元，共计完成退耕还林还草 1420 万公顷、荒山荒地造林和封山育林 2067 万公顷，工程区森林覆盖率平均提高 4 个多百分点，年生态效益总价值 1.42 万亿元。目前，中国仍在持续推动退耕还林还草高质量发展。

四、实现了从“沙进人退”到“绿进沙退”的历史性转变

1978 年，党中央、国务院决定实施“三北”防护林体系建设工程，“三北”人民大力弘扬“塞罕坝精神”“右玉精神”“八步沙精神”“三北精神”，在万里风沙线上筑起了绿色长城。“三北”工程区森林覆盖率由 5.05% 增长到 13.84%，45% 以上可治理沙地得到初步治理，61% 的水土流失面积得到有效控制，4.5 亿亩农田得到有效庇护，创造了防沙治沙的奇迹，成为中国生态文明建设和全球生态治理的典范。目前，“三北”人民仍在继续奋战，坚持山水林田湖草沙一体化保护和系统治理，力争再用 10 年左右时间，打一场“三北”工程攻坚战，再创防沙治沙新奇迹。

五、有效保护了最珍贵的自然遗产

中共十八大以来，生物多样性和野生动植物保护在过去工作的基础

辽宁省彰武“三北”防护林樟子松林。

实施天然林资源保护工程，使云南西双版纳热带雨林恢复了生机与活力。

上，进一步加快构建新型自然保护地体系。设立了国家公园管理局，实行了自然保护区、风景名胜区、自然遗产、地质公园等各类自然保护地统一管理，建立了一批国家公园，并确定“到2035年，自然保护地规模和管理达到世界先进水平，全面建成中国特色自然保护地体系。自然保护地占陆域国土面积18%以上”的阶段性任务目标。目前，中国自然保护地体系建设正在朝着这个目标加快推进，力争为实现中国民族永续发展，保护人类最珍贵的自然遗产筑牢根基。

六、进入了依法全面保护湿地新阶段

2016年，国务院办公厅印发《湿地保护修复制度方案》。2021年12月24日，颁布了《中华人民共和国湿地保护法》，标志着中国湿地进入了依法全面保护的新阶段。目前，全国有国际重要湿地82处（其中香港1处）、国家重要湿地58处、国家湿地公园903处、国际湿地城市13个，全国湿地保护体系初步建立。

七、全面加强了草原保护

中国是一个草原大国，草原面积达2.67亿公顷，居世界第一。2018年，党和国家机构改革时，草原生态系统保护管理职能划入新组建的国家林业和草原局，并首次设立草原管理司，确立了生态优先、综合治理、科学利用的原则，草原保护全面加强。近几年来，修复草原4000万公顷，落实草原禁牧1.73亿公顷。2021年，全国草原综合植被覆盖度达到50.32%。2022年，落实草原生态修复投资90亿元，完成退化草原修复治理321.33万公顷。

塞上榆林实现“绿色转身”。上图：2003年拍摄的陕西子洲县佛殿堂；下图：2009年拍摄的陕西子洲县佛殿堂（新华社供稿）。

八、打赢了污染防治攻坚战

中共十九大把“污染防治攻坚战”列为全面建成小康社会的三大攻坚战之一。全面整治散乱污染企业及集群，城市污水管网建设快速推进。2022年，全国地级以上城市空气质量优良天数比例达86.5%，重污染天数比例首次降到1%以内，全国地表水水质优良断面比例升至87.9%。目前，全国正在认真落实习近平总书记在全国生态环境保护会议上的讲话精神，坚持精准治污、科学治污、依法治污，保持力度、延伸深度、拓展广度，深入推进蓝天、碧水、净土三大保卫战。

九、取得了绿色转型重大成效

2012年，中国经济总量约占全球的11.5%，单位GDP能耗却是世界平均水平的2.5倍。中共十八大以来，中国以年均3%的能耗递增支撑了年均6.5%的经济增长，成为全球能耗强度降低最快的国家之一。中国已建成全球规模最大的清洁发电体系，可再生能源发电装机容量超过10亿千瓦，水电、风电、太阳能发电、生物质发电装机容量均居世界第一。2020年，中国碳排放强度比2005年下降48.4%，累计少排放二氧化碳约58亿吨。同时作为规模最大的绿色经济体的林草产业，产值已达到9万亿元，林草植被总碳储量达114.43亿吨，年吸收二氧化碳当量12.80亿吨，森林、草原、

陕西省植被固碳量(2000年)

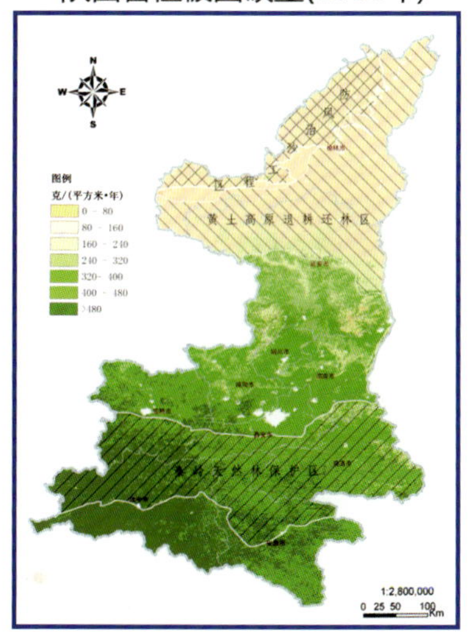

陕西省植被固碳量(2010年)

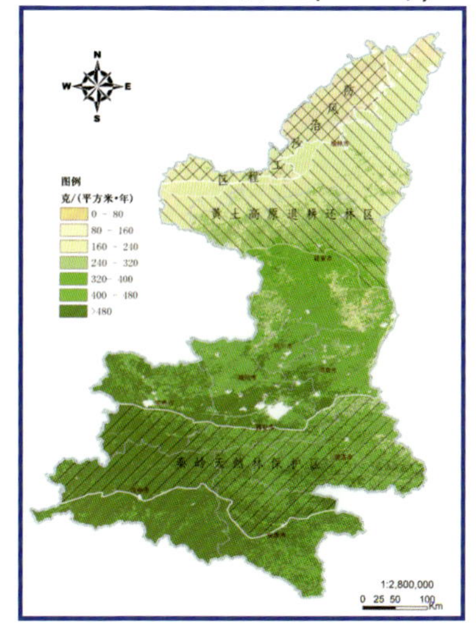

陕西省植被覆盖度(2000年)

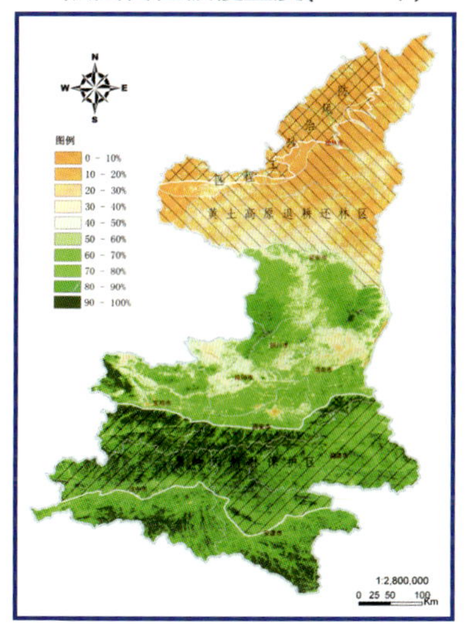

陕西省植被覆盖度(2013年)

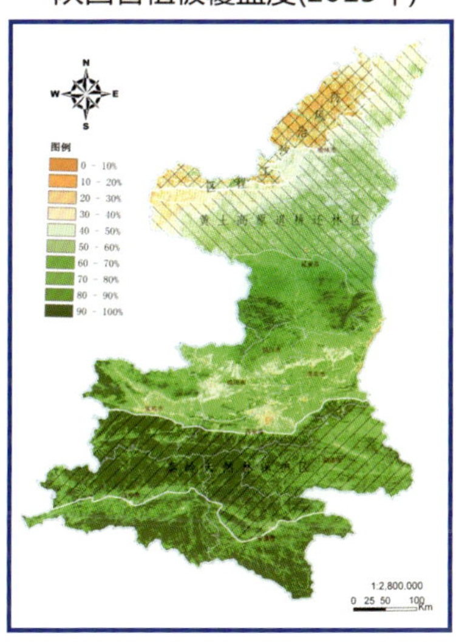

陕西省通过退耕还林和生态自然恢复，使植被覆盖度明显提高，固碳量显著增加，绿色版图由南向北推进了400多千米（陕西省农业遥感信息中心制）。

湿地生态空间生态产品总价值量达28.58万亿元/年。

十、健全了生态文明建设制度体系

优化了领导管理体制，完善了法律法规体系，建立了督查制度、自然资源资产产权制度、国土空间开发保护制度、生态文明建设目标评价考核制度和责任追究制度、生态补偿制度、河湖长制、林长制、环境保护“党政同责”和“一岗双责”等制度，健全了生态保护修复制度体系、调查监测体系，建立和完善了政策支持体系、绿色金融体系和科技支撑体系，为全面推进生态文明建设提供了有力有效的制度保障。

Chapter 9

第九章
建设美丽中国是对人类文明的巨大贡献

“把生态文明建设放在突出地位，
融入经济建设、政治建设、文化建设、
社会建设各方面和全过程，
努力建设美丽中国，
实现中华民族永续发展”。
这是十八大报告中关于我国生态文明建设
的实质和本质特征的体现，
也是对我国现代化建设提出的更新、更高要求。

生态文明建设是全人类共同的追求目标，
它属于真正的普世价值。
美丽中国是建设人类新文明的不可或缺部分。
中国执政党将赋予美丽中国怎样丰富的内涵？
建设美丽中国对于爱护自然的世界人民
许下了一个怎样美好的承诺？

第一节　建设美丽中国必然以生态文明奠基

1979年秋，著名画家吴冠中应邀到湖南作画，就便前往湘西张家界。这个地方在古代诗文画作中虽然从未涉及，但到过张家界的现代人都向他极口称赞。当张家界真实出现在吴冠中眼前时，他的感受是真正的“惊艳”：但见峻峰如林，奇石阵列，洞壑幽深，泉瀑飞挂，松苍竹翠，壮丽无边。作为绘画大家，他阅历过无数名山大川，张家界让他有“无与伦比”之感。

出山之后，吴冠中写下散文《养在深闺人未识》，把张家界跟诸多胜景做了比较。结论还是张家界为最。其文曰：

这里的秀色不让桂林，但峰峦比桂林神秘，更集中，更挺拔，更野！桂林凭漓江倒影增添了闺中的娟秀气；张家界山谷间穿行着一条曲曲弯弯的溪流，乱石坎坷，独具赤脚山村姑娘的健壮美！山中多雨意，雾抹青山，层次重重，颇有些黄山风貌，但当看到猴子爬在树顶向我们摇晃时，这就完全不同于黄山的情调了。还有那削壁直戳云霄，其上有数十亩的原始森林，我们只好听老乡们讲述他们曾经攀登的惊险故事而望林兴叹。张家界林场位于澧水上游，我们不了解连绵不断如此密集的石峰在地质上的价值，但谁都对其间的奇树异草和珍禽怪兽感兴趣。……一进山就急匆匆地往石林和树林深处钻，是被景色美人迷了。石峰石壁直线林立，横断线曲折有

张家界国家森林公园（摄影：李敏）

致，相互交错成文章，不，可以说是“画章”吧。人们习惯于以“猴子望太平”、“童子拜观音”等等形象的联想来歌颂自然界形式之美，还往往要用“栩栩如生”来形容其酷似，其实许多石头本身就很美，美就美在似与不似之间。……为了探求绘画之美，我辛辛苦苦踏过不少名山。觉得雁荡、武夷、青城、石林……都比不上这无名的张家界。

大画家把他的沉醉美感融入了自己的绘画巨作《自家斧劈——张家界》。这幅画作被法国立奇博物馆收藏。是大自然造化奇迹与大画家匠心独运的二者合璧，吸引了世界。

大画家的文章和绘画面世后，张家界立时名动天下，很多艺术家慕名而来，赞叹而去，到处传扬。众口一词的高度赞美引起了当地政府的高度重视，并从 20 世纪 80 年开始对张家界进行旅游开发。张家界的生态资源迅速产生与日俱增的旅游产业价值。

此后的 30 多年里，张家界一直高度重视生态保护与建设。2004 年正式启动生态市创建工作。极为注重城乡环境保护，最大限度减少污染造成的生态损害。全市已建成国家级生态示范区 1 个，生态乡镇 6 个，生态文明示范村 4 个；省级生态乡镇 27 个，生态村 108 个；全市城镇污水集中处理率达到 78.8%，生活垃圾无害化处理率达到 70%。

张家界在生态文明建设的支出并没有妨碍经济发展。这里把生态文明建设与扶持生态功能区城乡居民脱贫致富、支持欠发达地区的经济发展有机结合起来。让生态文明建设行动本身就能够促进当地经济发展。多年来张家界 GDP 增速保持了两位数增长。而且这里的 GDP 增量主要是绿色的。

张家界原本属于湘西贫困山区，过去为了维持当地百姓温饱，也有过开山炸石，毁林垦荒、砍树卖木的历史。随着对本地生态价值认识的深化，

渔政工作人员在湖南省张家界市永定区老道湾风景区放流国家二级保护动物——大鲵（新华社供稿）

保护意识逐渐提高。同时以搞活旅游和地方特产经营等途径，合理开发生态资源，对推进当地脱贫致富，起到了决定性的作用。逐步富裕起来的张家界人民对生态环境的保护意识和行为更加高涨，由此形成了良性循环。这也使得张家界人有极大的热情和信心，努力把家乡建设成为“天蓝、地绿、水清、宜居”的美丽张家界，争取把家乡建设成为“国家生态文明先行示范区”。

2013 年 12 月，国家发展和改革委员会联合国家林业局等部门制定了《国家生态文明先行示范区建设方案（试行）》，开展国家生态文明先行示范区建设，探索符合中国国情的生态文明建设模式。张家界积极追求名列生态文明先行示范区，以谋求更富于生态文明内涵的发展。

建设美丽中国是一个愿景，实现这个愿景需要做出多方面的艰辛努力。张家界的“地方生态文明”发展历程可以作为一个“美丽的案例”，向世人证明，建设美丽中国的愿景一定是可望且可及的。美丽中国一定是天蓝水碧，山青树茂，鸟鸣兽走，鱼跃鸢飞。这个情境不是表面修饰能够做到的。它需要修炼许多建设性的“内功”，才能够把社会的诸多内在美外化为直观的生态美。

生态文明是建设美丽中国的直接“抓手”，也是最具灵敏度和直观性的指标，更是美丽中国立足大地的根基。如果举目天下，秃山裸野间鸟兽绝迹，到处污水横流，垃圾遍地，烟尘四起，那么，无论 GDP 多高，人人手里握有多少“真金白银”，那也绝不会是美丽中国，绝不会有幸福民生。

还以张家界为例。张家界固然有得天独厚的自然条件，但是，如果没有社会各界人士对于其本土生态资源的认知与发掘，其发展就无法破题。如果没有本地对其生态资源的持续保护，如果没有对其美好环境的持续完善与建设，就不会有此后绿色 GDP 的持续明显增长。张家界对生态保护与建设持之以恒的努力，稳固并有力推进其经济稳定较快的增长，二者齐头并进，相辅相成。中国很多区域的健康发展都证明，保护生态环境就是保护生产力，改善生态环境就是发展生产力。美丽中国不是从天上掉下来的，而是以先进的生产力体系创造出来的。这个先进的生产力体系如同需要良好的政治制度保证一样，它需要良好的生态环境作为它的生长土壤和营养源泉。

张家界的实证个案表明，环境保护与生态建设是实现“美丽张家界”的第一抓手；中国的普遍现实也同样表明，环境保护与生态建设也一定是实现美丽中国的第一抓手。

建设美丽中国要求中国人选择有利于环境保护和生态平衡的经济发展方式，建设良性循环的产业结构，逐步形成促进生态建设可持续发展机制，使经济社会发展既能够满足当代人的需求，又对后代人的生存不构成透支性危害，最终实现经济与生态的协调发展。

美丽中国的提出带来了社会发展方式的转变，必然要求在其他社会建

实行集体林权制度改革后的福建省三明市洪田村新貌

设方面要与生态文明建设互相融合，协调发展。建设生态文明，先进的生态伦理观念是价值取向，发达的生态经济是物质基础，完善的生态文明制度是激励约束机制，可靠的生态安全是必保底线，全面改善的生态环境质量是根本目的。

建设美丽中国，实现中国梦，缺少良好的生态环境都无从谈起。以生态文明为内涵的美丽中国是一个有生命质感的中国梦。

生态文明是美丽中国的最稳固基石和最动人形态。能够把这样的形态完整建成并展示给世人之时，就是中华民族的复兴之日。

第二节　中国生态文明建设的探索和对全球的贡献

党中央、国务院历来高度重视生态保护与建设。毛泽东、邓小平、江泽民、胡锦涛、习近平等中央领导同志一直以历史和世界眼光审视林业工作，逐步把发展林业列为生态文明建设的重中之重，作出了一系列重大决策。

早在新中国成立初期，毛泽东同志就告诫全党："林业将变成根本问题之一"，提出"实行大地园林化"、"三分之一的土地种树，美化全中国"，并向全国人民发出了"绿化祖国"的伟大号召。

1981年，在邓小平同志倡议下，第五届全国人大四次会议作出《关于开展全民义务植树运动的决议》，由此在中华大地上掀起一场规模宏大、时间持久、影响深远的全民义务植树运动。

1991年，江泽民同志作出了"全党动员，全民动手，植树造林，绿化祖国"的重要指示，1997年发出了"再造秀美山川"的号召。

2007年，在第15次APEC会议上，胡锦涛同志提出了"应对气候变化的森林方案"，2009年向世界作出了实现林业双增的庄严承诺。他明确要求，"林业要为祖国大地披上美丽绿装，为科学发展提供生态屏障"。

习近平同志反复强调，"生态兴则文明兴，生态衰则文明衰"，"既要金山银山，更要绿水青山"，"保护生态环境就是保护生产力，改善生态环境就是发展生产力。良好生态环境是最公平的公共产品，是最普惠的民生福祉。"他特别指出，"林业建设是事关经济社会可持续发展的根本性问题。每一个公民都要自觉履行法定植树义务，各级领导干部更要身体力行，充分发挥全民绿化的制度优势，因地制宜，科学种植，加大人工造林力度，扩大森林面积，提高森林质量，增强生态功能，保护好每一寸绿色。"他要求林业部门全面深化林业改革，创新林业治理体系，为建设美丽中国创造更好的生态条件。

中国领导人对生态文明建设的高度重视和不懈探索，不仅在生态文明建设理论上实现了重大创新，而且有力推动生态文明建设取得了历史性的重大成就，为应对全球生态危机、维护全球生态安全作出了重大贡献。

一、扭转了千百年来森林资源持续减少的趋势

中国森林资源因受人类活动和自然条件变化的影响，其数量、质量和分布情况处于不断变迁之中，森林资源的演变发展史就是一部文明史。

据估算，在四五千年前的史前，中国森林覆盖率大约为60%，农业文明的发展、过度砍伐和战乱等对森林产生了巨大冲击，到2000多年前的西汉时期，我国森林覆盖率下降到50%以下，明末清初进一步下降到21%，到1948年森林覆盖率仅为8.6%。

新中国成立后，为满足国民经济恢复和发展对木材的大量需求，国家加快了对东北、西南等天然林区的资源开发，同时持续60多年开展了大规模的植树造林活动。特别是自1998年以来，我国先后启动实施了天然林资源保护、退耕还林、三北防护林、沿海防护林、长江防护林、珠江防护林、太行山和平原绿化等一系列重大生态修复工程，彻底扭转了千百年来森林资源下降的被动局面。

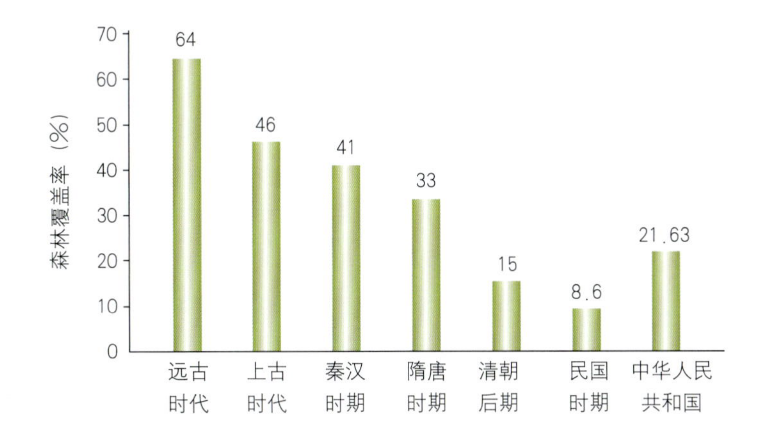

我国不同时期的森林覆盖率

据第八次全国森林资源清查（2014 年 2 月公布），全国森林面积达到 31.2 亿亩，森林覆盖率达到 21.63%，森林蓄积量达到 151.37 亿立方米，人工林保存面积达到 10.4 亿亩、居世界第一位。

国际社会对我国生态建设取得的成就给予了高度评价。联合国粮食及农业组织在评价全球森林资源变化时指出，“进入新世纪以来，亚洲地区森林面积在 20 世纪 90 年代减少的情况下，出现了净增长，主要归功于中国大规模植树造林，抵消了南亚及东南亚地区森林资源的持续大幅度减少”，“2005 ～ 2010 年世界人工林面积每年增加约 500 万公顷，主要原因是中国近年来在无林地上实施了大面积造林”，“1990 ～ 2010 年世界防护林面积增加了 5900 万公顷，主要归结于 20 世纪 90 年代以来，中国大面积营造防风固沙林、水土保持林、水源涵养林和其他防护林。”

二、土地沙化荒漠化长期加剧扩展的态势实现逆转

土地荒漠化是国计民生危害程度最深的生态系统变化，被喻为“地球癌症“。

我国是世界上荒漠化面积大、分布广、受荒漠化危害最严重的国家之一。

通过实施三北防护林、京津风沙源治理等重大生态修复工程，我国土地沙漠化持续扩展的趋势得到有效遏制。

据 2010 年发布的第四次沙化监测结果，全国土地沙化面积由 20 世纪末的年均扩展 3436 平方千米转变为目前的年均缩减 1717 平方千米，总体上实现了从“沙逼人退”向“人逼沙退”的历史性转变。

《联合国防治荒漠化公约》秘书处执行秘书迪亚洛说，中国是世界上履行公约成效最显著的国家之一，中国在防治荒漠化的政策、立法、监测和工程治理方面都走在了世界前列，堪称世界典范。

三、湿地生态系统保护成效显著

我国湿地面积居亚洲第一位、世界第四位，占世界湿地面积的 1/10。

为加强湿地保护，党中央、国务院采取了一系列重大举措。

1992 年，我国加入《湿地公约》，并在国家林业局设立了履约办公室。

2005 年，我国启动实施了湿地保护与恢复工程，已恢复湿地面积 7 万多公顷，逐步形成了多种湿地类型保护与恢复的示范模式。

2010 年，中央财政启动了湿地保护补助试点，2014 年又开展了湿地生态效益补偿、退耕还湿、湿地保护奖励试点工作。

据 2014 年 1 月发布的第二次全国湿地资源调查结果，我国已建立 577 处湿地自然保护区、468 处湿地公园。全国湿地总面积 5360.26 万公顷，湿地面积占国土面积的比率（即湿地率）为 5.58%。受保护湿地面积 2324.32 万公顷，湿地保护率由 30.49% 提高到现在的 43.51%。

我国湿地保护工作虽然起步较晚，但保护强度大，措施有力，成效显著，受到国际社会的高度赞誉。中国政府先后获得“献给地球的礼物”特别奖、“全球湿地保护与合理利用杰出成就奖”、“湿地保护科学奖”、“自然保护杰出领导奖”等国际荣誉。

中国的生态建设虽然取得了举世瞩目的巨大成就，但仍然是一个缺林少绿、生态脆弱、生态产品供应不足的国家。全国森林覆盖率不到世界平均水平的 2/3，居全球第 139 位；人均森林面积 2.25 亩，只有世界平均水平的 1/4，排在世界第 148 位；人均森林蓄积 10.98 立方米，只有世界平均水平的 1/7，排在世界第 125 位。

总体上看，生态问题依然是制约我国可持续发展最突出的问题之一，生态产品已成为当今社会最短缺的产品之一，生态差距已构成我国与发达国家之间最主要的差距之一。

差距就是潜力。随着我国生态文明建设力度不断加大，投入水平不断提高，中国生态状况与世界的差距必将不断缩小，中国生态建设的巨大潜力必将得到充分释放，中国必将为维护全球生态安全作出更大的贡献。

第三节　中国生物多样性的世界地位

国际自然保护联盟 (International Union for Conservation of Nature, IUCN) 的专家米特麦尔（Mittermeier）提出，地球上少数国家拥有世界物种的较高百分数，可称为“巨大多样性国家”(megadiversity countries)。这样的国家因此一直受到国际社会的特别注意。

江西鄱阳湖白鹤的栖息地保护良好

国际自然保护联盟首席科学家麦克尼里（McNeely）根据一个国家的脊椎动物和高等植物数目等指标，评定出12个“巨大多样性国家”，它们分别是墨西哥、哥伦比亚、厄瓜多尔、秘鲁、巴西、扎伊尔、马达加斯加、中国、印度、马来西亚、印度尼西亚和澳大利亚。这些国家合在一起，占有世界物种多样性的70%。按照这样的评定标准，中国被排在第八位。

中国无疑是北半球生物多样性最为丰富的国家。

中国的生物多样性首先表现在物种高度丰富。中国有高等植物30000余种，仅次于世界高等植物最丰富的巴西和哥伦比亚，占世界第三位。苔藓植物2200种，隶属106科，占世界科数的70%；蕨类植物52科，约2200～2600种，分别占世界科数的80%和种数的22%；中国还是世界上裸子植物种类最多的国家；中国被子植物科数占世界的75%。

中国脊椎动物共有6347种，占世界总种数（45417种）的13.97%。

中国还是世界上鸟类和鱼类种类最多的国家之一。这个清单可以更长地开列下去。

中国幅员广大，地质历史古老，地貌、气候和土壤条件多种多样，形成了千差万别的生境，加之第四纪冰川的影响不大，致使目前在中国境内存在大量的古特有属种和新特有种。例如大熊猫、水杉、银杏、银杉等。

中国野生动植物种质资源异常丰富，为人类的植物栽培和动物驯养，准备了优厚的天然条件。

中国有上万年的农业文明史，很早就对野生动植物培育诱导，驯化繁殖，这种开发利用的依据就是自然环境中极为丰富的物种遗传资源，因此中国的栽培植物和家养动物的丰富程度在世界上无与伦比。人类生存所依赖的动植物，不仅许多起源于中国，而且中国至今还保有已驯化动植物的

新疆交通部门设置道路标志保护普氏野马（新华社供稿）

大量野生原型及近缘种。

中国生态的空间格局复杂多样。陆地生态系统的样态丰富多彩。这样就形成了极其繁杂多样的生境。这一方面是有不同生境要求的生物都能够生存；另一方面，也为它们提供了各种各样的隐蔽地和避难所，无论自然灾害或人为干扰，总有生物种得以隐藏、躲避而生存下来。这也正是中国生物高度丰富、长期存续的重要原因。

复杂的地形引起的格局差异，结合着太平洋东南季风和印度洋西南季风的影响，中国成为最明显的物种形成和分化中心，不仅物种丰富度极高，而且特有现象也极为发达。

中国这些极为宝贵而丰富的自然遗产就是中国创建生态文明社会的不可缺少的“生态资产”，特别需要相匹配的保护与管理体系。

目前生物多样性的保护工作基本上局限于专门从事保护的部门，例如国家环保部自然生态保护司、国家林业局野生动植物保护司以及农业部的水生野生动物保护办公室和草原处等。实际上，所有政府经济发展部门都和生物多样性状况具有直接或间接的关系，这些部门的决策和行动会对生物多样性造成影响。这些部门在其制订规划和实施计划中，应考虑到生物多样性的保护问题。事实是这些部门很少优先考虑生物多样性保护。

例如，交通部门的道路规划与设计，不合理的道路修建，会直接切断野生动物的迁徙通道，挤压其觅食和繁殖交流范围。从而给当地生物多样性造成危机。旅游部门为经济收益，对山水的过度开发，同样在严重压缩野生动植物的栖息地和生长空间，这也就会直接削减它们的存量。

因此如何让经济发展部门能够更多地考虑到生物多样性的保护是目前最紧急的工作。发展环境影响评价在控制污染和减缓生态环境破坏方面已经发挥重要作用，应更多加入对生物多样性的影响的评估。经济发展部门和企业应当更多地寻求生物多样性保护专家的指导和帮助，以避免对生物多样性的影响。

建设美丽中国，保护生物多样性是核心，没有生物多样性就没有其提供的生态系统服务功能，也就没有美丽中国。

中国的生物多样性是地球生物多样性的重要构成部分，是地球生物基因库的一方宝藏。它们既属于中国，也属于世界。没有中国的生物多样性的生态地球，是难以想象的。在中国经济高速发展的时期，能够有效保护中国的生物多样性，对世界生物多样性的长期存在，是不可或缺的贡献。

第四节　中国生态文明建设的世界性承诺

近三十多年来，随着中国经济的日益发展，环境保护和生态建设的投入逐渐加大。特别是“十一五”期间（2006 ~ 2010 年），中国的生态文明建设步伐明显加快，并不断提高承担世界环境责任的力度。

2007 年 9 月 8 日，中国时任国家主席胡锦涛在悉尼亚太经合组织（APEC）领导人第十五次非正式会议上提出，中国通过扩大森林面积，增加二氧化碳吸收源，以削减温室气体排放。并郑重承诺，到 2010 年，中国的森林覆盖率将由 2007 年的 18.2%提高到 20%。在此次会议上，胡锦涛

这是生长在海南霸王岭的原始热带雨林，在碳汇能力方面为全球最高，对净化空气、吸收空气中的二氧化碳、减轻地球的温室效应起着重要作用。

为增强森林碳汇能力，近年来中国大力发展碳汇林，这已成为推动植绿造林的新举措(新华社供稿)。

还提出了建立亚太森林恢复与可持续管理网络的倡议。3年后，中国森林覆盖率达到20.36%，实现了中国在2007年所作出的承诺。

2009年9月22日，在联合国气候变化峰会闭幕式上，中国时任国家主席胡锦涛提出了中国的新节能减排计划，表明中国将大幅降低二氧化碳排放，增加森林面积，使用气候友好科技，并在2020年之前达到非化石能源占一次能源消费比重达15%左右的目标。表达了一个负责任大国为全球生态改善所做出的富有成效的努力。

2009年12月7～18日，世界气候大会在丹麦首都哥本哈根召开。大会全称是《联合国气候变化框架公约》缔约方第15次会议。时任中国国务院总理温家宝在大会上郑重承诺，到2020年，中国的单位国内生产总值二氧化碳排放比2005年下降40%～45%。

2011年9月6日，首届亚太经合组织林业部长级会议在北京开幕，时任中国国家主席胡锦涛出席开幕式，并在致辞中指出，中国把发展林业作为实现科学发展的重大举措，建设生态文明的首要任务，应对气候变化的战略选择。胡锦涛还再次强调了在联合国气候变化峰会上承诺的中国林业发展目标，争取到2020年，中国森林面积比2005年增加4000万公顷，森林蓄积量比2005年增加13亿立方米。这是中国为应对全球气候变化采取的重要行动。以此作为中国承担全球生态安全责任的实际贡献。

进入“十二五”(2011～2015年)，中国的环境保护与生态建设更上一层楼。从1980年到2010年，中国通过持续不断地开展造林和森林经营、控制毁林，已经净吸收和减少排放二氧化碳累计60亿吨以上。“十一五”

期间，中国为降低碳排放强度投入1万多亿元人民币。“十二五”期间，这一投入将达2万多亿元人民币。中国为兑现承诺，决定放缓经济增长速度，降低能源消耗强度，并把2015年一次能源消费总量控制在42亿吨标准煤以内。

中国以自己的实际行动和贡献，获得了在世界生态环保领域的话语权，并一步一个脚印走向美丽中国。

2011年11月28日至12月9日，联合国气候变化框架公约第17次缔约方会议在南非德班召开，期待解决的首个关键问题是《京都议定书》第二承诺期的存续问题。这个问题的核心内容是各国在减排方面应该承担的责任。在这一议题上，发达国家集团沉默，有些国家甚至推诿自己应尽的义务，不履行自己的承诺。

由于谈判艰难，会议推迟结束时间。到12月11日凌晨，德班气候变化大会的最后一次全体大会上，中国代表团团长解振华高声责问：

有一些国家已经做出了承诺，但并没有落实承诺，并没有兑现承诺，并没有采取真正的行动。讲大幅度率先减排，减了吗？要对发展中国家提供资金和技术，你提供了吗？讲了并没有兑现。我们是发展中国家，我们要发展，我们要消除贫困，我们要保护环境，该做的我们都做了。我们已经做了，你们还没有做到，你有什么资格在这里讲这些道理给我？

在全世界参与应对气候变化的过程中，中国担负起了相应的责任，但一些发达国家却总拿中国做文章，以中国碳排放总量大为借口，一直讨价还价，不断提议制定超出中国经济社会发展水平的碳排放目标，推卸自身的历史和现实责任，以维护自身技术和资金的垄断地位。这不利于国际社会协调应对气候变化的进程。

中国正处于工业化和城镇化加快发展的重要阶段，面临发展经济、消除贫困和改善民生等多重挑战。先行工业化国家用早年无节制的碳排放换来了领先发达，而中国目前人均国内生产总值仅为一些发达国家的1/10左右。中国不能接受简单划一的减排标准。

中国的减排目标和承诺，不附加任何条件，也不接受不公平的强加。从当前来看，中国每年人均碳排放不到7吨，而美国年人均碳排放高达17吨。中国不同发达国家进行这种简单的攀比，也不会走向这样的高排放之路。中国如果复制这样的发展模式，整个地球都会暗无天日。

中共十八大开启了中国生态文明建设新时代。中国不仅要做生态文明建设的实践者，而且要做全球绿色发展的引领者。近十年来，“为全球生态安全作出贡献”“积极参与应对气候变化全球治理”“努力建设一个山清水秀、清洁美丽的世界”反复出现在党的政策文件和习近平总书记的讲话中。

2015年11月30日，国家主席习近平在巴黎出席气候变化大会开幕式

2014 年 4 月 4 日，党和国家领导人参加首都义务植树活动。图为中共中央总书记、国家主席、中央军委主席习近平与首都少年儿童一起为新栽的树木浇水（新华社供稿）。

发表的讲话中提出："中国在'国家自主贡献'中提出将于 2030 年左右使二氧化碳排放达到峰值并争取早日实现。" 2020 年 9 月 22 日，习近平主席在第 75 届联合国大会上庄严宣布："中国将提高国家自主贡献力度，采取更加有力的政策和措施，二氧化碳排放力争于 2030 年前达到峰值，努力争取 2060 年前实现碳中和。" 2020 年 12 月 12 日，习近平主席在气候雄心峰会上进一步宣布，到 2030 年，中国森林蓄积量将比 2005 年增加 60 亿立方米。

2022 年 1 月 24 日，习近平总书记特别强调："实现'双碳'目标，不是别人让我们做，而是我们自己必须要做。" 在 2023 年 7 月 17 ～ 18 日召开的全国生态环境保护大会上，习近平总书记进一步强调："我们承诺的'双

碳’目标是确定不移的，但达到这一目标的路径和方式、节奏和力度则应该而且必须由我们自己做主，决不受他人左右。”

中国“双碳”目标的确定，意味着中国作为世界上最大的发展中国家，将完成全球最高碳排放强度降幅，用全球历史上最短的时间实现从碳达峰到碳中和。对世界而言，这无疑是一个伟大的壮举。

当今世界，以绿色经济、低碳技术为代表的新一轮产业和科技变革迅速兴起，绿色、循环、低碳是世界，更是中国发展的新趋向、新模式。作为负责任的发展中大国，中国一贯坚持的原则是“共同但有区别的责任”、排放权的公平分配，世界各国在排放问题上共担责任，各尽所能，积极合作，以应对全球气候变化。

作为世界第二大经济体，中国努力转变经济发展方式，提出大力推进生态文明建设，努力建设“美丽中国”，从维护自身以及世界生态安全的战略高度，取得了举世瞩目的成就，不仅改善了中国的生态状况，而且对全球生态建设具有积极的推动作用。

地球生物圈是相互联系的，中国的生态保护和建设必然对世界环境产生积极影响。中国政府在世界各国政府之前，第一个明确提出“建设生态文明”，并把这当作民族文明进步的标志和国家意志，予以大规模实施，这是中国对世界生态建设的独特贡献。

2013 年，美国著名生态学家罗伊·莫里森在一篇题为《生态文明建设中的可再生能源与生态消费构想》的文章中指出：“不遵循生态之路正在无情地导向资源战争、气候变化、作物歉收、饥荒、流行病、绝望者的大规模移民、社会的崩溃以及政府的失灵。我们时代的关键问题在于，我们如何才能够协调好经济增长与生态可持续性之间的关系。科学理性的诸多工具、市场、计划和民主，能够用来实现从一种自我毁灭的工业制度向着可持续的全球性生态文明转变吗？如果没有生态转型，当今的经济成果将被证明是暂时而短暂的。这是一个难以解决的利己主义问题。但是，诸多有益的生态对策正出现在工业的过度发展过程当中。首先，正是中国才拥有经济的、政治的资源去追求生态文明的全面发展，而并不是所有国家都将遵循这样一条生态之路”。

这位西方学者特别提到中国的生态文明建设，并对中国实现生态文明建设的经济资源和政治资源持有信心，折射出世界对中国生态文明建设事业的特别关注。

在中国建设生态文明社会，建成美丽中国，可以使地球 6.44% 的陆地面积上呈现更加美好的景象，让全人类 1/5 人口的生活更加舒适安康，让“生物多样性巨大国”的千百万种野生动植物更加生机繁盛，为世界验证一种更加进步的社会文明形态，为人类探索一种现代型天人合一的伦理范例。所有这一切，都是“生态地球”的重要构成部分，都不是中国的“一己之私”。因此，努力建设美丽中国，具有全球化意义，是中国人民对全世界的贡献。

Chapter 10

第十章 法治是生态文明建设的根本保障

时至今日，
中国生态状况的严峻有目共睹。
目前，
中国为保护生态环境而订立的法律法规数以百计，
生态立法工作取得了一些成效。
然而，
有法难“治”依然是一个突出的问题。
法只有在“治”的行使中表达权威与实效，
否则就是徒具空文。
生态文明必须是一种法治文明，
也只能是法治文明。
生态领域同样适用“乱世用重典”的规律。

在健全法律体系的同时，

第一节　中国生态保护法律体系建构现状

2002年11月21日，舞剧《藏羚羊》在北京保利剧院首演。这是第一部以藏羚羊为主角的舞剧。艺术场景如梦如幻，藏羚羊的命运如泣如诉。

藏羚羊是真正的高原精灵，只能生存在海拔4000米以上的高原环境，属于青藏高原动物区系的典型代表。

每年6月开始，西藏羌塘、新疆阿尔金山、青海三江源等区域的雌性藏羚羊，都要向可可西里腹地迁徙。

狼、棕熊和秃鹫等爪牙锋利的天敌，就在藏羚羊的迁徙通道上埋伏截杀。藏羚羊母亲一路跋涉坎坷，风雨兼程，冲决凶险，如期赶到世代钟爱的产房，在这里完成自己繁衍后代的神圣使命。而在这里，还埋伏着比狼、熊、兀鹰更为凶险的两条腿天敌——盗猎者。野生的天敌最多就是喂饱一个单纯的肚子，而来自人间的天敌要干的是无尽的杀戮，如果没有强力制止，他们会杀到灭绝了全部藏羚羊种群，才肯罢手。

在藏羚羊的整个迁徙过程中，雄性藏羚羊并不上路，而是带着头一年出生的小藏羚羊，留在栖息地，等待迁徙的雌性藏羚羊回家。不管迁徙者走多远，家和亲情总是在原地守望，等候爱的归来。但在那些凶险的岁月里，很多藏羚羊丈夫和儿女，就永远等不回它们的至爱了。

20世纪80年代前后，藏羚羊的羊绒价格在国际市场上飙升，引发贪财者疯狂盗猎。当年在这个区域活动过的摄影师和保护工作者，都曾经目睹过藏羚羊尸横遍野，大草滩上鲜血淋漓的惨状。一位摄影师讲述，曾在两天之内发现偷猎者的大规模屠杀现场11处。偷猎者是在母藏羚羊聚集产羔的时候下手，多数母羊还没有生下羔崽，就死于枪下。被放血扒皮的藏羚羊母亲暴尸荒野，攫食的秃鹫常把藏羚羊胎儿直接从母腹中拖出来，撕扯吞噬，或许它们也喜欢鲜嫩。场面之惨，直如人间地狱。

当时电视上曾经播放这样的画面：盗猎者扒取的藏羚羊皮张装满若干麻袋；掏出来铺满了一大片广场。完全是专业化屠宰场的规模。这样的电视画面曾让亿万观众无比震惊。

短短几年，青藏高原上的藏羚羊从总量100多万只，锐减到几万只。与人无争的高原精灵被人类的贪欲逼到了灭绝边缘。

1989年青海省公布数字，当年查获收缴藏羚羊皮2万张。而这时全青海省的藏羚羊不足2万只了。已经不够盗猎者再打1年。

就在1989年，中国第一部《野生动物法》正式实施。3年后，1992年

盗猎者偷猎藏羚羊，其根本原因是在中国境外存在着利润巨大的藏羚羊绒及其制品贸易。

7月，青海省玉树藏族自治州治多县县委副书记杰桑•索南达杰组织了中国第一支武装反盗猎的队伍，也就是藏羚羊保护史上著名的“野牦牛队”。此后7年里，两任“野牦牛队”队长跟若干遇难藏羚羊一样，死于盗猎者的罪恶枪口之下。

在中国，乃至世界，为保护野生动物，有时甚至会让保护者付出生命代价。这是野生动物的悲哀，更是人类的极大悲哀。

1995年，政府批准成立“可可西里省级自然保护区”，1997年升格为“可可西里国家级自然保护区”，以保护藏羚羊和它们的栖息地。

经过多年努力，盗猎藏羚羊犯罪基本上得到遏制。

同时，中国政府通过国际动物保护组织，促使有关藏羚羊绒制品的加工和消费国采取措施，禁止使用藏羚羊绒产品。经过全方位的长期保护性努力，藏羚羊种群逐渐开始恢复。

2011年7月底到8月初，数日间，中央电视台多路记者驻守可可西里，对“藏羚羊迁徙”予以持续直播报道，展示藏羚羊的生存环境和保护现状。直播以“眼见为实”的直观感，证实了藏羚羊种群的恢复现状。

到电视直播时，可可西里、阿尔金山、三江源和羌塘四大自然保护区境内的藏羚羊数量，已经恢复到20余万只。在海拔4000多米以上的高原，藏羚羊是优势动物，只要没有人类的严重侵害，其种群是可以得到恢复和壮大的。

藏羚羊从濒危到恢复的这个实例生动表明，及时立法与有力执法，对于生态保护具有兴灭续绝的作用。

20世纪50～70年代，由于众所周知的原因，基本上谈不上法治化的生态保护。

1978年党的十一届三中全会召开后，我们党深入总结我国社会主义法制建设的成功经验和深刻教训，将法制建设提到了重要位置，把以法治国确定为党领导人民治理国家的基本方略，把依法执政确定为党治国理政的基本方式。在过去30多年的时间里，包括生态建设和环境保护法律法规在内的社会主义法律规范体系逐步建立起来。

1979年2月，《中华人民共和国森林法（试行）》发布实施；

1979年5月，林业部和中国科学院等8个部门联合发出了《关于加强自然保护区管理、区划和科学考察工作的通知》；

1979年9月，《中华人民共和国环境保护法（试行）》发布实施；

1984年通过了《中华人民共和国森林法》；

1985年发布了《森林和野生动物类型自然保护区管理办法》，通过了《中华人民共和国草原法》；

1987年，颁发了《中国自然保护纲要》；

1989年实施了《中华人民共和国野生动物保护法》和《环境保护法》；

1994年颁布了《中华人民共和国自然保护区条例》和《地质遗迹保护管理规定》；

重庆市实施天然林资源保护工程后，森林资源呈现恢复性增长。

1995 年批准了《海洋自然保护区管理办法》；

1997 年发布了《中国自然保护区发展规划纲要（1996 ~ 2010）》；

1998 年在长江上游地区实施禁伐令；

1999 开始实施退耕还林还草和退耕还湖工程，签署了《植物新品种保护公约》。

进入 21 世纪，有关环境保护和生态建设的立法速度加快，密度加大。同时还有更多的有关环保与生态的“纲要”、“规划”、“计划”、“工程”等，不断制订与实施。基于基本法律，也颁布了许多行政条例、部门规章和大量的地方性法规，涵盖了环保与生态的方方面面。一个发展中大国的生态与环保法治条律系统，基本建立起来。

由于改革开放年代社会发展较快，生态与环保的法律法规体系也需要根据发展的现实而充实完善，进入 21 世纪，不少法律法规也陆续予以修订：

2000 年修订《渔业法》，2002 年修订《草原法》、《水法》，等等。类似修订一直在持续进行，发展的现实也在不断推动这种修订。

2004 年 8 月 28 日，全国人民代表大会常务委员会通过了经过修订的《中华人民共和国野生动物保护法》。此次修订主要是技术操作细节方面的补充。

2004 年，《中国物种红色名录》评估了 1 万多个物种，结果显示：无脊椎动物受威胁（极危、濒危和易危）的比例约为 35%；脊椎动物受威胁的比例约为 36%；裸子植物约为 70%；被子植物约为 86%。特别是植物的濒危物种比例远远超出了过去的估计。以上数据显示我国的物种受到威胁的程度相当广泛，而且呈加重趋势。10 年后的今天，这个整体形势并没有彻底改观。

国家实施《野生动物保护法》后，新疆南疆部分地区出现野兔泛滥，为了有效调节生态平衡，当地政府为狩猎人发放了狩猎证，并严格指定了被猎对象以及狩猎工具（新华社供稿）。

2013年3月“两会”期间，多位全国人大代表、政协委员与法学、环境伦理学、动物学的专家一起在京座谈，呼吁修改《野生动物保护法》，希望尽快将修订野生动物保护法纳入全国人大修法议事日程。随后有36位代表联合署名，向本届全国人大会议正式提交了“关于提请修改《中华人民共和国野生动物保护法》的议案”。

参加座谈的专家和提交议案的代表一致认为，当前野生动物物种面临的主要威胁是非法捕猎和栖息地丧失。全国范围内野生动物偷猎现象仍然极为严重，使用套子、毒药、爆炸、鸟网、绝户网等手段捕猎和采集各种受保护和未受到保护野生动物的现象十分普遍。在一些地区，猖獗的野生动物非法贸易不仅严重威胁着我国本土的野生动物，也同时威胁到周边国家的野生动物物种，在国际上造成了较大的负面影响。另外一种严重威胁是因城市化、农业开垦、林业种植、矿产开发、过度开发旅游和道路建设等行为，导致野生动物栖息地大面积丧失和严重分割。

猎杀候鸟，活熊取胆，活剥狐狸、貉、貂等动物皮毛，开办野味餐厅，对野生动物驯化表演以及大量制作野生动物标本等行为，几乎在明目张胆进行。

《野生动物保护法》距2004年的修订也已经过去10年，不少专家和法律界人士认为，《野生动物保护法》的立法思路及实操规范需要进一步充实完善，特别是必须通过整体修改，以跟上中国生态文明建设的时代需要。

代表议案认为，现行《野生动物保护法》只是以“珍贵、濒危野生动物”为保护对象，保护范围过窄，不利于维护生物多样性和生态平衡；本法提及“合理利用”的内涵模糊，且侧重于利用价值，有违“保护”本意。而且保护空白点和可钻的空子也多有存在。对造成外来物种侵害的行为也没有相应规定。许多濒危物种未被列入国家重点保护物种名单，如全国仅剩

2008年12月20日，中国首家动物保护法研究机构挂牌成立(新华社供稿)。

2只已知个体的斑鳖未列入重点保护名录；江豚数量已经下降到不足1000头，仍未提升为国家一级保护动物。如此等等。

总之，生态文明建设时代，对于生态与环保领域的立法原则和执法规范，提出了与日俱增的要求，立法工作也必须与时俱进。不仅对于《野生动物保护法》，对其他法律法规也同样会提出修订完善的新要求。这也是生态文明建设法治化进步的体现。

1980年，中国加入《国际捕鲸公约》。从这里开头，生态环保领域的大多数重要国际公约，中国都已参与，例如《生物多样性公约》、《气候变化公约》、《濒危野生动植物进出口国际贸易公约》、《世界遗产公约》、《国际重要湿地公约》、《生物安全公约》、《沙漠化防治公约》、《人与生物圈计划》等。中国将履行国际公约作为推动国内生态环保政策和立法的动力。这些国际性参与，对于吸取世界上的生态法治经验，充实中国生态法治思想，采取全球性生态保护协同行动，承担国际生态保护义务等，都有不可忽视的意义。

依法治国，事关我们党执政兴国，事关人民幸福安康，事关党和国家的长治久安。2014年10月，党的十八届四中全会通过了《中共中央关于全面推进依法治国若干重大问题的决定》，提出了建设中国特色社会主义法治体系，建设社会主义法治国家的总目标，并明确提出，用严格的法律制度保护生态环境，加快建立有效约束开发行为和促进绿色发展、循环发展、低碳发展的生态文明法律制度，强化生产者环境保护的法律责任，大幅度提高违法成本。建立健全自然资源产权法律制度，制定完善国土空间开发保护、生态补偿和土壤、水、大气污染防治及海洋生态环境保护等法律法规，促进生态文明建设。为今后生态建设和环境保护法律体系建设指明了方向，提出了更高的要求。

生态环境保护法律体系作为我国社会主义法律规范体系的主要构成要素，要进一步加快立法进程。要对当前立法情况进行全面梳理，摸清基本情况和存在的主要问题，提出解决问题的办法和措施。加快修订完善《森林法》、《野生动物保护法》等法律法规，加快制定《湿地保护条例》、《国有林场条例》、《国有林区森林资源监督管理条例》、《天然林保护条例》等行政法规，形成更加完备的生态保护法律规范体系，确保各项工作有法可依。生态保护法律体系建设也要与集体林权制度改革，国有林场、国有林区改革等生态保护中的重大改革举措相衔接，保证重大改革于法有据，确保法律规范与改革发展和生态文明建设相适应。

法律是治国之重器，生态保护相关的法律法规体系是生态法治的根本，是建设生态文明的法治规范。有了这个法律法规体系，才能实现人与自然的长期可靠的和谐。

大批候鸟飞回天津北大港湿地(新华社供稿)

第二节 加大执法力度

自 1989 年《野生动物保护法》正式实施以来，我国野生动物保护工作取得了长足的进步，广大群众的野生动物保护意识增强，一些关键性物种如朱鹮、坡鹿、大熊猫、藏羚羊等得到了妥善保护，其中有些物种的数量还有明显增加。但野生动物保护的整体形势，依然不容乐观。

2012 年 11 月 19 日，《新京报》报道了天津北大港湿地内东方白鹳遭毒杀的事件。11 月 11 日 13 时 08 分，天津市公安局指挥中心接到鸟类保护志愿者报警称：在天津北大港湿地内发现东方白鹳出现疑似中毒迹象。接报后，警察赶赴现场，查验取证。市公安局迅速成立“11 · 11”专案组，开展案件侦破工作。

志愿者们跋涉湿地，救出 13 只中毒未死的东方白鹳。并在案发水域陆续发现 20 只已经死亡的东方白鹳和更多的其他遇害鸟类。经现场勘查和技术鉴定，这些鸟确系死于农药中毒。

东方白鹳是国家一级重点保护动物，被国际自然保护联盟定为濒危种，同时被列入《濒危野生动植物种国际贸易公约》附录一及《中日候鸟保护协定》。目前全球数量已不足 2500 只。

天津北大港湿地自然保护区面积超过 60 万亩。每年 3 月，东方白鹳在俄罗斯东南部及我国东北地区繁殖，9 月、10 月分批往南迁徙，在北大港湿地停留半个月左右，再度上路。熟知鸟性的偷渡者趁机截杀。这一带有人几十年里，就靠捕鸟为生。

天津湿地护鸟志愿者王建民回忆，有些鸟贩子一晚上就可以猎杀到11麻袋鸟。一麻袋的重量不少于50千克。

鸟贩子们以前拿猎枪打鸟。猎枪管禁后，就改用投毒。他们用剧毒农药浸泡鸟爱吃的食物，投撒于鸟类习惯驻足之处。鸟类进食死亡后，投毒者捡走鸟尸。专业猎鸟者熟知各种鸟类习性，沿着候鸟迁徙的路线一路投毒。

《新京报》记者调查得知，天津大港湿地保护区周边，投毒捕鸟者、餐馆老板、食客、售卖农药的销售商，已经形成一条利益链，多种鸟类都难逃毒手。

类似事情绝非天津一处。

2012年10月16日，一部12分钟的电视短片《鸟之殇，千年鸟道上的大屠杀》被挂到网上，不到一天，这个短片的点击量就超过15万次。短片拍摄于湖南省桂东县和炎陵县交界的罗霄山脉。这个地方是每年候鸟两次迁徙的必经之路，被称为千年鸟道。

在2012年秋季这个候鸟迁徙的季节，作为候鸟保护志愿者的一位长沙晚报记者与他的同伴在大山里坚守了一个月，记录下了候鸟迁徙道上的骇人杀戮。

全球共有8条候鸟迁徙大路，其中3条经过中国。穿越湖南和江西的中部路线是候鸟必经的“千年鸟道”。于是有数量庞大的鸟杀手在这条道上“剪径”。

非法捕鸟者通常利用鸟类“寻光择路”特点，在山坳上燃起篝火或点上高照度电灯，准备好火枪、鸟铳、竹竿、大网等，伺机残杀。

纪录片作者在接受记者采访时讲述：

“第一次拍摄是2012年9月21日，我们准备了军用迷彩衣服盖在身上，躲在灌木丛中。晚上8点多，对面山上LED灯就亮起来，照亮整个山谷。我拍过很多明星演唱会，但却没有见过一个演唱会有如此壮观的灯光。

一座山头，有几百盏LED灯，后面隐藏着上百杆枪。鸟群飞过时，在LED强光下就成了一个个白色亮点。接着此起彼伏的枪声响起，很多鸟都掉了下来。枪声之后就有人喊‘打到了、打到了’。然后就是笑声。

打鸟的有三种人，一种是当地村民，他们上山打鸟只是为了改善伙食。他们一般拿着手电筒，设备很差。

第二种是职业团伙，他们会霸占一个山头，设备非常专业。打的鸟全部用来卖的，甚至形成一条龙产业链。其中有一部分甚至从北到南跟着迁徙的候鸟，一路捕杀。

还有一种是拿着猎枪，过来寻乐子的，我们拍摄时，经常见到挂着广东、江西等地牌照的豪车。他们带着美女和啤酒，提着鸟枪，撑个雨伞，来体验打猎的‘贵族’生活。他们完全把打鸟这种行为娱乐化了，我觉得非常可怕。”

有的村落一年捕杀的南迁候鸟竟可超过150吨！

各山头上每次候鸟大屠杀结束后，扛着大蛇皮袋的“收鸟人”就会及时出现，买卖迅速成交。鸟肉也就随之出现在本地县城的菜市场或餐馆里，甚至被运到珠三角的高级酒店。

湖南省新化县林业局的负责人也说，捕鸟人群以专业捕鸟者危害最大。每年一到秋季，新化当地会出现至少二三十个职业捕鸟人，这些偷猎者有些甚至是从北方随着南飞候鸟，一路捕杀过来，设备先进，形成一条龙的产业链。

2012年10月14日，也就是《长沙晚报》揭露湖南千年鸟道迁徙候鸟惨遭杀戮的前两天，有志愿者前往江西遂川，对赣湘千年鸟道营盘圩段的打鸟村铜鼓村进行调查。铜鼓村有一座打鸟岗，和《长沙晚报》曝光的牛头坳一样，历来是当地打鸟活动的集中点。志愿者到来的当天晚上，就看到成群的村民爬到山上，打着气灯，用鸟网、竹竿、鸟枪、套杆捕猎过往鸟群，男女老少都有，如同赶集。

2012年10月28日，在“为千年鸟道建立迁徙廊道自然保护地管理机制”讨论会上，全国鸟类环志中心副研究员张国钢说：“在遂川县千年鸟道营盘圩环志站，我们做了10年鸟类环志，一次反馈记录都没有。这是非常反常的。很有可能是因为我们在当地做好环志放归的鸟，很快就被江西和湖南千年鸟道上的偷猎者打掉了。”

《长沙晚报》公布湖南千年鸟道上大肆杀戮的暗访影片后，激起了对候鸟保护的普遍关注。全国媒体跟进候鸟议题，“兜出来”的情况令人震惊：

鄱阳湖的候鸟捕杀者通常在头一年10月中旬退水之前，布置好“天网”，用船运到湖深处布下。次年4月洪水来临时，则乘船下湖将网取回。在布网期间，不定时到下“天网”之处抓取撞上网的候鸟。密集的“天网”群，长度多在3千米以上；有的甚至绵延5千米，一眼看不到尽头；

内蒙古、黑龙江、辽宁、河北、天津等地，一些捕鸟者使用粘网粘、撒毒饵诱、设套子套等各种手段，将迁徙的鸟儿捕获贩卖。

内蒙古乌拉特前旗占地44万亩的乌梁素海，是黄河流域最大的淡水湖，是全球范围内荒漠半荒漠地区极为少见的具有生物多样性和环保多功能的大型草原湖泊，这里拥有180多种珍稀鸟类，是世界上著名的鸟类迁徙地和繁殖地。内蒙古森林公安局不久前在这里查获一起猎捕候鸟的大案，共有5万多只候鸟被猎捕贩卖。

每到候鸟迁徙季节，贵州织金县珠藏镇村民便集体出动，捕杀候鸟，贩卖赚钱。每晚有上百村民聚集到镇外凤凰山顶，开启矿灯或燃烧废轮胎，引诱在空中飞行的候鸟。当候鸟飞下来“扑灯”的瞬间，村民就用力挥舞大竹扫把，有时一下子就能击中好几只鸟。最多时，一晚能捕杀两三百只。

到处存在的候鸟大杀戮不是开始在最近几年，而是由来已久。甚至是当地的“传统活动”，其彻底遏制应该在什么时间，也不知道。

被大量杀戮的不仅是候鸟。

2012 年 11 月 27 日上午，中央电视台《新闻直播间》栏目曝出江西省资溪县存在非法盗捕、销售、经营野生保护动物的现象，农贸市场上摆放的各种野生动物肆意出售，野味餐厅中竟有“公务定点消费商家”。

次日，《京华时报》的深入采访，进一步细化报道了真实情况。

江西省资溪县地处山区，野生动物资源丰富。猎杀并贩卖野生动物，已经形成了庞大的利益链条。

此地国有林场所属山林中，生活着国家二级保护动物猕猴。《京华时报》深入采访的记者一次暗中观察，就看到提枪牵狗的捕猎者猎杀了 7 只猕猴，并把这些猕猴卖给城里的餐馆。这些盗猎者在林区持续行猎三四个小时，先后开了 9 枪，竟然没有一个人出面阻止，也没有人向有关部门报案。捕猎者说，所猎 7 只猴子能卖 3000 块钱。到了野味餐馆，价钱飙高，猴肉 1 斤卖 280 元，1 只猴头可卖 800 元。

《京华时报》记者观察到的另一次夜间捕猎，两名盗猎者一共捕猎了一只黄麂和一只猫头鹰。当地市场上活的野生动物卖价比死的贵两三倍，所以，用夹子捕猎的人越来越多。县城的一家商店门口摆放着各种铁夹子，是当地猎人用来捕猎野生动物的工具，一年里一家店能卖几千个夹子，有的买家一次就能买上百个。猎户把夹子买回去之后，一般都会安装在野生动物出没的要道上。据估算，全县山上埋有几万个捕猎夹子。

资溪农贸市场是当地最大的农副产品交易市场，这里设有野味专卖区，公开叫卖野生动物。

在黑龙江省黑河市由当地猎户组成的护林马队和边防民警随同猎民在前往猎场的途中一起巡护山林，打击盗伐盗猎等不法行为，巩固林区治安（新华社供稿）。

当时，资溪县城有3家规模较大的野生动物收购店。一家店的老板说，他每天光是收购麂子数量就在10～20只。老板说，他做野味生意有20多年。“死的全部发湖南，广州就发活的。”

另一家野味收购店的老板透露，自己的冷冻库里有2000斤麂子，野猪3000斤。这家店墙上挂着江西省野生动物或其产品经营许可证。老板说，有了这张证，就可以保野生动物买卖在江西安全无忧。

当地专门经营野味的一家餐馆开了十几年，有不少固定的食客，每次有了野味，只要一个电话，食客们就会如约而至。这里天天爆满，一天有十几桌野味宴。

1989年实施、2004年修订的《中华人民共和国野生动物保护法》明确规定了对捕杀、出售、收购、运输重点保护野生动物的处罚，情节严重的将追究刑事责任。然而这个法在候鸟迁徙通道上却看不出实效。在野味收购店和野味餐馆里也看不出威力。

天津湿地猎鸟专业户几十年的猎鸟“生涯”，湘赣千年鸟道上长期的“群众性”候鸟捕杀，资溪县城里十几二十多年的野味店经营，当然还有更多同时发生的类似猎杀活动，其活动时间都与《野生动物保护法》的实施时间相重合，但“大家”对于法的禁忌竟然是毫无顾忌。

涉及森林资源、湿地资源、荒漠化资源以及山地、草原、海洋等领域的法律法规，也都遇上了执法疲软。

在1992年召开的联合国环境与发展大会上，中国就已经十分自豪地向世界宣布：中国已经形成了具有自身特色的环境法体系。从1979年到说这个话的1992年，中国生态环境立法一直行驶在“快车道”上，没有哪一个领域能够像生态环境领域一样，几乎年年都有法律法规通过审批，颁行实施。有时甚至一年有几部法律出台。但也正是在生态环境立法行驶在“快车道”的年代里，中国的环境污染及自然资源破坏也进入“快车道”。

生态建设与环保的法律条文已经大量制定，却被熟视无睹，现实状况随之恶化。关键问题在于执法力度不足。

执法力度薄弱，有法不依，是生态保护中的重要问题。导致执法不力

左：青岛海泊河边防派出所民警在海上巡查，清查“绝户笼”，切实维护海洋渔业资源和生态平衡（新华社供稿）。

右：中国首个“生态保护公安局”——贵阳市公安局生态保护分局（新华社供稿）。

有多种原因：执法人员数量偏少；执法活动经费不足；野生动物保护地的人事权是在当地政府，执法人员受制于当地政府压力，难以严格执法。如此等等。

执法不力更重要的原因还有对执法工作缺乏有效监督，法律责任落实不到位。对执法不作为者缺乏惩戒机制，导致生态执法的严重“惰政”。

另外一个重要原因是，自然保护地的保护管理机构缺乏全面的执法权，条块切割，多家执法，政出多门。貌似谁都可以执法，结果却是相互掣肘，相互扯皮。目前，自然保护地内涉及的执法权分属不同的部门管理，例如，建设项目的选址、建设许可由住建部门审批；市场经营许可涉及工商管理部门；陆生野生动物保护执法权由森林公安负责；水生野生动物保护执法权由渔政部门负责；林政执法权由林业部门负责；海洋和淡水生物资源管理由渔业部门负责；捕捞证和水面使用证（水产养殖等）由渔业部门颁发；草地管理归畜牧部门负责等等。任何一个部门都无法完成对一个自然保护地的全面综合的执法工作。大量自然保护地管理机构没有实际的或全面的执法权，而在具体执法工作中，相应执法单位的沟通和合作存在障碍。

2013 年 5 月 24 日上午，中共中央政治局就大力推进生态文明建设进行第六次集体学习。习总书记在主持学习时强调，只有实行最严格的制度、最严密的法治，才能为生态文明建设提供可靠保障。要建立责任追究制度，

广州市领导每年带头参与横渡珠江活动，从事实上形成了珠江治理的“倒逼机制”，成为推动水环境治理的“有形之手”（新华社供稿）。

对那些不顾生态环境盲目决策、造成严重后果的人，必须追究其责任，而且应该终身追究。

“最严格的制度、最严密的法治”，“终身追究”的生态决策问责制度！——执政党这样明确的生态法治理念，这样坚决的生态法治决心和制度建设，会有利于加大生态执法的力度，改善生态执法的“惰政”局面。

生态文明建设时代的新形势，不但要求法律法规更加充实完善，还同时特别要求执法体制和机制的配套改革与提高。

第三节　生态法治意识与社会监督

法是国家意志的体现，依法治国是坚持和发展中国特色社会主义的本质要求和重要保障，是实现国家治理体系和治理能力现代化的必然要求，有法可依、有法必依、执法必严、违法必究，必须落到实处。

全民守法是实施以法治国，实现生态法治的长期基础性工作。每一位现代公民，既要有生态道德意识、生态忧患意识、生态科学意识、生态价值意识和生态责任意识，更重要的是还必须建立生态法治意识。要使公民懂得生态的法律法规，对生态环境和野生动植物有依法保护的自觉性。

增强全民的生态法治意识，必须深入开展生态保护的法治宣传教育，健全普法宣传教育机制，树立有权力、有责任、有义务的法治观念，逐步

2014年两会期间，全国人大代表、浙江宁波奉化市滕头村党委书记傅企平在北京向大家介绍他带来的滕头村的空气质量监测站照片（新华社供稿）。

形成全社会知法、懂法、守法的良好局面。

全面树立公民的生态法治理念，唤起全民的生态法治意识，更有助于对政府生态建设和环保工作的社会监督。有助于政府在生态方面依法施政，文明施政。这对于中国生态文明建设，具有重大作用。

人民群众对政府生态作为或不作为予以依法监督，是生态法治建设的重要构成部分。这是以现代民主的方式实现生态法治建设。

2011年12月27日，广东省环保工作会议在广州召开。时任广东省委书记汪洋提出，要建设民主环保，要充分调动和发挥好人民群众在环保工作中的主体作用，充分尊重、扩展和保障社会公众的环境知情权、参与权和监督权，推动社会公众共同参与环境保护和环境建设。

民主与法治是相辅相成的。健康的民主是官与民之间的依法互动。"民主环保"把国家的"环境保护"和人民的"民主权利"联系起来，把人民作为生态建设与环境保护的主体力量，而不是被动的看客。环境恶化的后果要全民承担；保护生态与拯救环境，当然也需要全民依法参与。生态文明建设的目的是为民造福，以人为本。阻止污染、改善环境、优化生态的过程中，人民群众也是当然的权利主体，真正地参与其中。

近年来多地发生的环境严重污染事件，经常性原因大多是，政府有关部门未能对污染项目依法作出严格科学的环境评估，漠视民众权益，狂热追求GDP，盲目决策，不允许民众依法参与，无视社会各方面的知情权、参与权和监督权。人民群众合理合法的抵制和呼吁，被当成"闹事儿"。这种本该依法审批，民主参与的大事，最终演变成干群对立，乃至形成巨大的维稳压力。这就是忽视生态法治，拒绝生态民主的代价。如果不能从体制和机制上做出重大改革，这种代价会越来越大。依法建设的生态民主体制和机制，必然是建设中国生态文明的重要支撑。

2013年"6•5"世界环境日当天，浙江省环保厅"晒"出了一份工作计划：全省各市政府承诺完成大气污染防治工作十件实事，请全省人民来监督。

浙江省大气污染防治工作最早可追溯到20世纪80年代。随着大气污染从煤烟型向煤烟、挥发性有机物及机动车排气复合型转变，灰霾现象日渐突出，公众要求治"霾"的呼声不断高涨。

为回应公众期盼，2010年，浙江省政府启动了清洁空气行动。

政府坦诚告诉公众灰霾成因是什么、政府为治理灰霾做了什么。还要让公众知道下一步要完成哪些实事，让政府走向社会，部门走向公众，请大家来监督。

这些实事件件有牵头负责单位、完成时限和目标。到年底，各市的承诺完成得如何，也通过媒体公布，让公众监督。

为有效落实各级政府保护辖区环境空气质量的法定职责，浙江省政府专门出台了《浙江省城市空气质量管理考核办法(试行)》。

根据考核办法，依据城市PM2.5达标情况和年度变化情况，评出优秀、

重庆市桂林街道居民捐款绿化长江

良好、合格和不合格 4 个等次。考核结果将公开发布，并与地方政府领导班子政绩评价、建设项目审批、财政资金奖惩挂钩。

自 2014 年起，县 (市) 级城市纳入通报，对设区市开始考核 PM2.5 指标；2015 年起，所有市、县 (市) 城市开始考核 PM2.5 指标。

如果考核不合格，除了经济惩罚，相关地区还将面临"区域限批"。

今后浙江全省每年的清洁空气行动方案、计划以及完成情况都将在政府门户网站和媒体上公开，全面接受监督评判。

治理 PM2.5 呼声来自民间，治理工作的行动方案与计划也必须拿出来，让公众了解、评判和监督。

社会监督是由公民或其他组织对行政机关及其工作人员的行政行为所给予的广泛监督。

在生态建设与环保领域，民间环保组织的社会监督作用正在彰显。民间环保组织是指由社会力量或个人自愿组成的，以非营利性方式，从事环境保护、生态建设活动的非政府组织。这种组织的参与者不限政治倾向、社会身份，专家学者、律师、记者、工人、农民、学生、企业界人士等等，均可加入。中国民间环保组织经过多年成长，已成为推动中国环境保护和生态建设的重要力量，并发挥着重要的社会监督作用。

民间环保组织的监督作用首先是能够借助宣传的力量，使一些环境和生态问题引起广泛关注，并向政府反映民众意见，督促政府在发展经济的时候顾及民众的生态利益。

民间环保组织在对政府生态环保工作起到监督和促进作用的同时，对企业也会发挥一定的监督作用。

2008年8月，“自然之友”等6家环保组织，联名致函国家环保部，检举江苏金东纸业及其关联企业近三年的多项环境违法违规记录，提请环保部谨慎处理并暂缓金东纸业上市环保核查。此后各个环境民间组织就金东纸业集团的解释和回应多次提出质疑，这对于可能发生的环境问题起到了有力的监督作用。

在当今中国，民间环保组织已经广泛存在，这些组织大都以保护环境，促进生态建设为宗旨。组织内汇集了专家、学者和普通民众，他们一方面通过实施环境监督，阻止破坏环境的行为，一方面可以帮助政府对重大环保政策方针进行调研论证，使政策更能反映公众对环境的要求，适应社会发展的需要。

环境恶化导致的民众利益侵害具有普遍性。在侵害发生时，受害民众往往无法形成有效联合，不能实现集体维权。所面对的污染企业却是强势单位。这时候，民间环保组织就能够起到组织民众的作用，帮助民众向政府表达诉求，与企业进行强效沟通，或者动员媒体介入，直至发起公益诉讼，为民众进行环境维权。

民间环保组织的这些做法既是保护民众权益，其实也是帮助政府促进环保工作，有助于本地生态建设。随着生态文明意识的深化，政府会对民间环保组织的这种生态监督作用，给予充分理解和支持。

社会组织发展迅速，参与意愿越来越强，服务水平越来越高。根据国家发展和改革委员会社会研究所的研究报告显示，改革开放以来，我国社会组织发育呈现出加速发展的态势。尤其是近年来，我国各类社会组织数量稳定增长，截至2011年底，全国共有正式登记注册的社会组织46.2万个，加上备案制的社会组织和通过工商途径注册的社会组织以及既不登记、也不备案而实际运行的社会组织，据估算，我国社会组织总量约在400万家。如此巨量的社会组织，它们所联系的群众当数以亿计，具有显著的广泛性和代表性，参与社会的意愿十分强烈，所开展的业务和活动也覆盖了社会生活的方方面面。

中国的生态法治体系需要明确赋予人民以生态监督权，建立广泛而有力的社会监督机制。在中国现行体制下，环境保护主要靠政府。社会对政府缺乏监督力度，是目前中国环境保护法律法规数量较多、但有效性不足的主要原因。只有明确规定公民环境权，以权利制约权力，依靠公众参与、公众监督和公众诉讼，才能有效地促进政府依法履行环境保护职责，强化生态建设工作。

建设生态文明，必须走生态法治之路。生态法治建设作为国家治理体系和治理能力现代化建设的重要组成部分，必须坚决贯彻落实党的十八届四中全会精神，以生态法治的铁腕建立起法治生态体系，更好地发挥法治在生态文明建设中的引领和规范作用，这是美丽中国能否建成的根本保障。

Chapter 11

第十一章
为生态文明建设做贡献

关注生态危机是目前世界最强烈的呼声之一。
倡导生态文明是当今世界最具理想性的话题。
生态文明的追求是人类自觉规避生存危机，
选择合理发展途径，
在人与自然关系的重新界定中寻求自我拯救的理性进步。
这对于特定发展阶段的中国更具有特殊意义。

人作为生物圈的一员，
在与自然的交流中如何规范行为，
将直接决定人与自然的关系。
良好、文明的行为可以换来与自然的和谐相处，
每个人都应该明确自己的社会角色，
尽到自己的生态保护与建设责任。
这不是别人派发的，
而应是自己主动认领的。

第一节 生态文明建设是一场全民合作

每个人的生存必然是社会化生存。社会化生存的经常性状态就是人与人的合作。在合作中学会生存技能；在合作中谋求并巩固生存机会；在合作中寻找食物；在合作中抵御敌害；在合作中获得情感，完成繁衍；在合作中建立组织，形成制度，创成文化成果与社会文明。如此等等。

生态文明建设，是复杂而精致的制度探索和文明创化，离开人与人的合作是不可能的。一个国度中的每一位公民，全人类的每一个成员，都应该是共同建设生态文明的参与者，在参与中合作，以合作者的身份参与。

广而言之，生态文明建设是一场没有终点的全球化合作；狭而言之，它是一个国家，一个城市，一个村落，每一个城乡社区成员，都应该积极参与，相互配合，精诚合作的持久性社会职责。

就是说，生态文明建设是一场全民合作。地不分东西南北，人不分男女老幼，各尽所能，自觉自愿，刻刻在心，时时出力。共同动手，联合行动。

在这场合作过程中，政府、社会组织、企业、公民，从各自的社会角色出发，承担各自应有的责任，寻求互补互助的合作，以达到效果的最大化。在合作中实现责任互补，行为互动，成果共享。

一、政府是合作的主导力量

在湘江流经的湘东北地区，呈三角形分布着湖南三个经济重地——长沙市、株洲市和湘潭市，两两相距不到 50 千米，集中了湖南全省大部分科技、产业、文化资源，是全国独一无二的城市群。

2007 年年底，长沙、株洲、湘潭城市群，被国务院确定为“全国资源节约型和环境友好型社会建设综合配套改革试验区”。

建区数年间，湖南两型社会建设取得了初步成功。长株潭城市群 500 平方千米的绿地得到完善保护，政府主导与民间良性互动的保护湘江母亲河行动、两型生活体验等吸引了全民参与。湖南“两型实验区”的成果主要得益于各级政府充分发挥了政府的管理职能，从“顶层设计”入手，并在全国率先建立了两型社会建设的标准、考核体系、协调机制和组织架构，同时又积极引导全社会共同参与，多元合作。

长株潭城市群两型社会改革试验区标志

中国社会的特点是政府的主导力较强，可以组织动员全社会力量，共同参与社会公共领域的建设。

2009年9月18日，长沙市在第二届中国和谐城市可持续发展高层论坛上获评“中国十佳休闲宜居生态城市”，并位居榜首。

毫无疑问，生态文明建设属于社会公共领域。

作为社会管理主体的政府，在生态文明建设的全过程中，有责任和义务，动员全社会的力量共同合作。在这方面，湖南省两型社会建设以其自身的实践，提供了良好的借鉴和思考。

形成对比的是，有一些地方政府部门在生态建设方面着力不足，似乎认为生态建设属于“不急之务”，甚至把一些群众表达环境利益诉求的正常现象看作不和谐的社会因素。这在一定程度上妨碍了生态保护法律法规的落实，影响了全民参与生态文明建设的积极性，也挫伤群众在生态文明建设中的合作态度。

另外，还有些地方，公众参与生态文明建设的制度和机制没有完善，导致公众在遇到环境问题时无所适从，没有通畅的表达渠道，遇到环境污染的侵害时，或隐忍煎熬，或过激反抗，甚至演变成“群体性事件”。缺乏良性引导，把不可脱离的合作方刺激出“不合作态度”。这显然不利于生态文明建设。

在生态文明建设过程中，社会参与是基础；市场配置是有益的补充；多元投入是重要支持。只有政府主导整合这些力量，引导它们实现从宏观到微观层面的合作，才能够建成一个有效运作的建设系统。

二、社会组织的合作功能

理念正确、运作规范的民间环境保护组织，是政府生态建设工作的重要合作方，而不是分庭抗礼者。特别是在政府生态建设工作中与民众或企业诉求出现不一致的时候，无直接利益相关性的民间环保组织可以充当中立的第三方，帮助民众梳理纷乱琐碎的诉求，完整反映公众的环境利益，有助于政府做出准确回应。民间环保组织在这些工作中与民众建立信任关系，安抚民众可能出现的过激情绪，协助政府解决棘手难题，将减少生态建设中的行政成本。当政府与企业出现龃龉时，民间环保组织也可以发挥协助沟通调解的功能，缓和矛盾，避免激化，促进合作。

在生态建设与环保问题上，民众和企业有时也会发生诉求差异。企业为了减少成本和增加利润，有时对排放物的处理不尽合乎民众意愿，甚至会有意把环境负担转嫁给社会，令民众深恶痛绝。在解决两者之间的冲突时，民间环保组织的介入常常会更有助于问题的良性解决，更具有社会建设性。中立的民间环保组织代表民众，与企业进行依法谈判，向企业提出建议，让企业深刻理解，在生态问题上与社会的广泛合作、与民众利益保持一致，是建立企业形象和品牌声誉的重要途径。只有走在这个康庄大道上，才能够追求到长久的利润最大化，同时兼顾社会责任和品牌声誉。

这些做法才是现代意义上的社会合作。而这样的合作有助于中国生态文明的稳固建设。生态建设问题上的合作不可能是表面一团和气的好好主义，这样只会让矛盾积累越来越多；直指问题核心、解决实质问题的依法博弈之后的合理处置，才能够实现稳固合作。而民间环保组织在这样的合作中，是会有所贡献的。

美国民间环境保护组织对于美国生态文明建设的贡献，可以借鉴。美国现有 1 万多个非政府环境保护组织，其中 10 个最大组织的成员已有 720 万人。根据民意测验，有 75% 的美国人都确信自己是一个“环境保护主义者”，有 80% 的美国人把环境看作是最重要的社会问题之一。

民间环境保护运动的高涨也促进了政府在这方面的努力。这些民间环保组织不断呼吁环保立法。1969 年，美国国会批准了“国家环境政策法案”，随后 20 年间有数百个环境法规出台。1970 年，美国国家环保局重新整编，成为国家重大环境保护工程的制定和实施者，并负有国家环境法规的执行和监督责任。该部门马上成为美国最重要的政府管理实体之一，掌握实权，手腕有力。

最能体现民间环境保护运动对政府督促作用的是总统选举。如果美国的参选政党不将环境保护放在重要的位置，选民们就可能不投它的票。因此，参与竞选的美国总统候选人都对选民郑重承诺改善环境，加强生态建设。1992 年，克林顿在竞选总统时挑选阿尔·戈尔作为竞选伙伴。因为阿尔·戈尔是这一年美国头等畅销书《濒临失衡的地球》的作者。克林顿拉上这样的竞选伙伴意在表明，自己对全球环境问题极为关注，愿意为保护生态而积极努力。结果表明，他的选择是正确的。克林顿入主白宫后不久，就发表了热情高昂的“地球日”演说，这一演说和随后在这方面的实际努力，促使美国的环境保护工作出现了持续高潮。

在这里不难看出，美国民间环保组织与政府之间的有效合作特点：一方的抗议实质是“社会提议”，另一方的应对是建设性的妥协。双方是在大目标一致之下的合作，而不是各怀鬼胎的恶斗。

中国生态保护意识在全社会广泛传播，日渐深入人心。生态文明行为也逐渐显露其走向全民化的倾向。这份成果包含着民间环保组织的贡献。据有关资料介绍，中国民间环保组织全部都在开展不同形式的宣传活动，并大都参与了环境保护和节能减排的实际工作。还有一些环保民间组织深入农村，积极帮助贫困农民发展绿色经济，在保护环境中实现扶贫开发。如，陕西省妈妈环保志愿者协会围绕政府西部开发战略部署，在 10 个试点县的 1 万户农户中，开展绿色家园环保示范户创建工作，依靠发展保护环境的绿色经济，走出脱贫致富的新路子。

中国一些环保民间组织在生态文明建设的各个方面发挥了重要作用。虽然目前由于体制的原因，还存在着这样或那样的一些问题，但是，环保民间组织在生态文明建设方面促进社会合作的作用是不可轻视的。

1993 年，全国人大环资委会同中宣部、财政部、国土资源部、水利部、农业部、林业部、国家广电总局、国家环保总局、国家海洋局、全国总工会、共青团中央、全国妇联、中国科协等 14 个部门，共同组织了“中华环保世纪行”活动。这场大活动中的许多重要参与方就是民间组织。许多以环保为主要工作内容的民间环保组织对“中华环保世纪行”活动予以大力支持，表现出在环境保护领域，政府部门与民间组织的合作互动、共同为中国环保事业尽心竭力的精神。

二十多年来，“中华环保世纪行”活动每年都围绕一个与环境资源保护有关的主题，在中央和国务院有关部门、中央各新闻单位的大力支持下，在地方人大的紧密配合下，采取组织若干记者团深入地方进行采访报道的方式，充分把人大与政协监督、舆论监督和群众监督三种监督形式有机结合起来，在环境与资源保护方面，推动许多重大问题的解决和有关政策措施的出台。“中华环保世纪行”已成为各级政府和社会公众认同和关注的宣传舆论品牌，其中一个很重要的原因就是：“中华环保世纪行”活动能够紧紧围绕国家环保事业大局，紧密配合全国人大常委会环保执法检查工作重点，始终抓住各级政府和社会普遍关注的环境与资源重大问题与人民群众关心的突出问题，有针对性地进行组织采访报道。在采访报道中，坚持正面宣传为主，批评性报道为辅；坚持采访报道的真实性、准确性和客观性；

左：2005年中华环保世纪行总结表彰大会暨 2006年中华环保世纪行宣传活动启动仪式在北京人民大会堂举行，全国人大常委会副委员长司马义·艾买提、全国人大环资委主任委员、中华环保世纪行组委会主任毛如柏、全国人大环资委副主任委员、中华环保世纪行组委会副主任叶如棠等与会（中新社供稿）。

右：“中华环保世纪行——西藏行”在西藏山南地区雅鲁藏布江北岸查看种草防沙效果(新华社供稿)。

坚持深入基层、深入实际、深入群众。通过大力宣传和弘扬好典型、好经验、好做法，揭露和鞭挞不良行为，不断提高全社会节约资源、保护环境的意识；努力推动各级政府改进工作，加大环保执法力度；积极维护人民群众的切身利益。

在“中华环保世纪行”的影响下，全国31个省（自治区、直辖市）人大都相继开展了各具特色的地方环保世纪行活动，并已成为地方人大监督工作的重要组成部分。

“中华环保世纪行”是中国生态环保事业多元合作的典范。

三、企业的合作精神与行动

2013年2月23日，东方网发布了一条新闻：上海苹果供应商日腾公司向上海市松江河道排泄废液，造成附近河流变成“牛奶河”。受污染的河面上隐约泛着一层油渍，乳白色的河水足足流淌了好几天。

日腾公司污染事件，只是众多企业污染事件中的一项。盘点2013年企业污染事件，污染的程度让人们触目惊心之余，不禁引起人们的疑虑和反思：企业存在的唯一价值，是否就是利润最大化？换言之，企业除了承担经济责任、创造利润外，对自然环境应该承担什么样的责任呢？

中国经济持续30多年增长，有中国万千企业的决定性贡献；中国环境污染在某些方面的恶化，企业也是制造污染源的主角。广大企业应当意识到自己的问题，承担起自己的责任。

广大企业既是生态环境的最大影响者，也是生态环境建设的最终受益者。企业生态意识直接影响到生态文明建设的程度，企业只有与社会和谐相处，才能实现自身的可持续发展。

企业在创造利润的同时，不能让社会去承担利润背后的污染成本，而必须通过自觉地努力，把利润目标和社会责任统一起来，既对当代人负责，更要对后来人负责，力求对社会有更多的贡献——这应是现代企业自觉追求的道德责任。

但是目前，我国大多数企业环保意识还相对淡薄，相当多的企业对承担环境责任的重要性认识不足，不少企业还停留在追求利润最大化的传统企业理念阶段，忽视相关者利益最大化的现代企业理念。

进入21世纪，一个企业要可持续发展，必须确保企业与生态环境协调发展，必须确保整个社会和自然界的和谐统一，因为二者存在着密不可分的关系，企业只有在自然环境优越的时期才能长期的发展，在一个遭受严重污染、资源耗费的环境里，企业一定会失去生存和发展基础的。

但是，从目前的情况来看，作为转型期的中国企业，生态责任缺失现象仍然比较严重，生态责任观念落后、意识淡薄的现象仍然普遍，多数企业家和管理者缺乏企业生态责任意识，不把保护生态环境作为自己应该担

企业若不停止污染，国家在环保治理方面就需要投入更大的成本(新华社供稿)。

负的社会责任，而是一味地“杀鸡取卵”、“竭泽而渔”，急功近利地掠夺和榨取自然资源，破坏生态环境。也有一些企业为了降低成本，不顾国家相关法律规定，任意排放废水、废气和废渣等，将利润建立在破坏和污染生态环境的基础之上。

今天，生态文明建设已纳入到中国特色社会主义总体布局，生态文明已成为我国社会主义现代化建设的战略目标和绿色主题。加强企业生态责任建设，已成为生态文明的迫切呼唤。企业是社会的细胞和最主要的经济主体，企业生态责任意识的强弱和生态责任履行的好坏，将直接影响到我国生态文明建设的成败。所以，在转型期的中国企业，应在生态道德自律的行动中提供榜样和示范，以一个道德主体的身份参与生产、流通，应遵守大自然的生态规律，对自己的行为进行约束，这实际上也是在为全社会提供一种道德标准。作为企业家，更应该谨记，如果一个企业实施不道德生态行为，这或许能够带来短期利益，但破坏了其他集团的利益和整个社会的利益，得到的只是千古骂名。所以，企业家务必要引导企业在生产经营活动中既实现“经济人”的角色，又实现“社会人”，还要实现“生态人”的角色，自觉肩负起促进经济与社会协调、人与社会协调、人与自然、人自身和谐协调发展方面的历史责任和社会责任。在生态保护与建设方面，与全社会采取积极合作的态度，并拿出实际的合作行动。

环境与经济协调发展是 21 世纪的主题。在这样的时代里，企业更要承担自己的义务，使自己的逐利经营与社会责任一致化，而不是对立起来。为了降低成本而增加环境负担，把公共空间当作肆意排放的下水道，这已经是道德与法律都不能容许的了。承担生态义务必须成为企业家不可摆脱的经营决策前提。毕竟企业是环境污染的最大制造者。只有把财富与责任相结合，才能为企业带来真正的力量和尊重，才能塑造独具中国特色的现代企业精神。

第二节　保护生态系统是生态文明建设的根本基础

一、生态文明建设的根本基础是保护好生态系统

保护好生态系统，地球就能健康长寿。没有健全的、完备的生态系统，地球就是一个荒芜死寂的星球。地球的生命体是靠生态系统和生物多样性来哺育的。地球的生态平衡是靠生态系统和生物多样性来维系的。健全完备的、独立而又相互作用的生态系统在地球和宇宙的能量交换中，在碳、氧循环、水循环中，发挥着不可替代的支撑、平衡作用。这些生态系统，特别是自然生态系统蕴含和保护着生物多样性，动物（包括人类）、植物和微生物在生态系统里相互依存，彼此消长，不断演进，不断发展，共同构成充满活力、绚丽多彩的地球世界。保护和建设好生态系统，就能维护好生物多样性，地球就能健康长寿，人类就能在美丽的地球——这一人类的共同家园繁衍生息、发展进步。

自工业革命以来，我们的地球家园见证了经济发展创造的伟大奇迹，也遭受了人类史上最为严重的生态破坏。人类只有一个地球，自然资源是有限的。人类对自然的索取，已接近地球承载力的极限，大自然频频向人类亮起了红灯，拉响警报。历史告诉我们，人类对自然的每一次征服，都受到了自然的加倍报复。历史也深刻警示我们，生态兴则文明兴，生态衰则文明衰。我国是全球最大的生态“负债国”之一，当前正面临资源约束趋紧、环境污染严重、生态系统退化三大严峻形势。生态问题已成为人民群众最突出的民生诉求、成为经济社会发展最突出的制约瓶颈。保护好生态系统，建设生态文明，是关乎人民福祉、民族未来的长远大计，是关乎建设美丽中国和实现中华民族永续发展的根本前提，我们必须警觉起来，下决心用硬措施完成硬任务。

二、保护生态系统，必须实行严格的损害赔偿制度、责任追究制度和生态补偿制度

生态系统重在保护，关键在扎牢制度的笼子，用制度把生态系统管严管好。坚持谁损害谁赔偿、谁管理谁负责、谁受益谁补偿的原则，让

破坏者不敢破坏、让管理者不敢失职、让受益者有所补偿，从而实现对生态系统最有效地保护。对森林、海洋、湿地、草原、山岭、荒地、滩涂等自然生态空间进行统一确权登记，形成归属清晰、权责明确、监管有效的自然资源资产产权制度。加快自然资源及其产品价格改革，全面反映市场供求、资源稀缺程度、生态环境损害成本和修复效益。划定生产、生活、生态空间开发管制界限和生态红线。健全能源、水、土地节约集约使用制度。对造成生态损害的责任者严格实行赔偿制度，依法追究刑事责任。逐步建立对领导干部实行自然资源资产离任审计和生态系统损害责任终身追究制。完善政绩考核办法，将生态保护建设纳入考核体系，发挥"指挥棒"导向作用。健全森林、湿地、草原等生态效益补偿补助制度。完善对重点生态功能区的生态补偿机制，推动地区间建立横向生态补偿制度。推行碳排放权交易制度，建立吸引社会资本投入生态保护的市场化机制。

三、保护生态系统，必须继续实施重大生态建设工程

实施重大生态建设保护工程是恢复和促壮生态系统的重要途径，也是我国生态建设保护领域几十年来不懈探索的一条成功经验。我国对建设保护生态系统已组织实施了三类重大生态修复工程。一是自然保护类生态工程，即针对尚未遭受破坏的自然生态系统进行严格保护的生态工程，如自然保护区工程等；二是自然恢复类生态工程，即针对遭受一定程度破坏并急需加强保护休养生息的生态系统的工程，如天然林资源保护工程等；三是人工促进自然恢复类的生态工程，主要针对很难自我恢复或需漫长时间才能自我恢复的生态系统，如"三北"防护林建设、退耕还林、京津风沙源治理、石漠化治理等工程。这些工程的实施，使生态系统得以休养生息，快速恢复，取得的成就举世瞩目。保护生态系统，必须继续实施好现有的天然林资源保护等国家重大生态建设工程，并积极谋划启动一批新的生态修复工程，完善重大生态工程建设布局，不断加大政策、资金、技术和基础设施建设投入，稳定和扩大退耕还林、退牧还草范围，推进荒漠化、石漠化、水土流失综合治理，扩大森林、湖泊、湿地面积，保护生物多样性，不断扩大自然生态系统的增量，提高自然生态系统的质量，增强自然生态系统生产生态产品的能力。

四、保护生态系统，必须深化生态建设保护管理体制改革

解决好经济发展与生态保护的矛盾，首先要解决好人民群众的生产生

活需求，铺设和拓宽人民群众就业增收的发展渠道。深入推进国有林场、国有林区和集体林权制度改革，完善林业扶持政策，理顺管理体制，加快林区转型发展，促进群众得实惠、生态受保护。推进海洋、草原、湿地、荒漠、滩涂等领域的各项改革，充分发挥利益驱动杠杆作用，广泛调动广大人民群众保护建设生态的积极性，释放改革在生态领域的红利。坚持节约优先、保护优先、自然恢复为主的方针，着力推进绿色发展、循环发展、低碳发展，形成资源节约和保护生态的空间格局、产业结构、生产方式、生活方式。完善生态保护建设管理机制，建立统筹陆海生态系统保护修复的科学机制，切实强化政府的生态建设公共服务功能。

第三节 节约资源是保护生态环境的根本之策

一、我国资源的困境和压力

过去100多年里，发达国家先后完成了工业化，消耗了地球上大量的自然资源，特别是能源资源。当前，一些发展中国家正在步入工业化阶段，能源消费增加是经济社会发展的客观必然。

改革开放30多年，中国作为世界上发展最快的发展中国家，经济社会发展取得了举世瞩目的辉煌成就，成功地开辟了中国特色社会主义道路，为世界的发展和繁荣做出了重大贡献。

能源消费居高不下一直是困扰中国经济发展的重大问题

但是，在快速发展的同时，一道历史性资源利用难题正在考验中国，这就是如何解决对自然资源不合理的开发利用以及浪费巨大的问题。中国传统经济模式是三高一低：高开采、高消耗、高排放、低利用。而生态型经济要求是三低一高：低开采、低消耗、低排放、高利用。以农业用水为例。中国农业用水占总用水量的70%以上，可农业用水基本上没有广泛采取节水措施，很多地区都是水管向田里一顺，随意喷涌。甚至就是在毛渠上开一个口子，任其流淌。许多宝贵水资源白白浪费了。这样的灌溉，水资源利用率甚至不足50%。

中国资源拥有和利用的情况，可做如下罗列。这些数据是大家在各种媒体上触手可得的，虽然具体数字在不同出处中各有差异，但可以描述出一个总体形势。

第一，从资源现状来看，中国人均淡水不到世界平均水平的1/4，耕地不到1/2，森林不到1/7。大多数矿产资源人均占有量不足世界平均水平的一半。随着经济的发展，矿产资源国内供应能力、保障能力也不足。据估计，在45种重要战略性资源当中，到2020年将有9种严重短缺、10种短缺。

第二，能源资源的人均占有量、可消耗量少，人均能源可采储量远低于世界平均水平。中国人均资源占有量居世界第53位，仅为世界人均占有量的1/2。人均耕地、水资源拥有量，分别不到世界平均水平的40%、30%。煤约占世界人均水平的55%，石油占11%，天然气占4%。

第三，资源能源过度开发问题依然存在，中央政府规划的矿产开发速度屡屡被地方政府突破。比如，国家规划“十五”期间，全国原煤产量年均增加2000万吨，而实际情况是年均增加2亿吨；国家规划2010年全国原煤产量目标26亿吨，而实际产量约33亿吨。由此导致我国煤炭资源正在被严重透支。再以水资源为例，我国目前年用水总量已经突破了6000亿立方米，大约占水资源可开发利用量的74%。很多地方水资源形势十分严峻，过度开发现象严重，已经大大超过其承载能力。

第四，从资源利用效率看，中国的经济增长走的是资源消耗型经济发展道路。每吨标准煤产出效率，中国只相当于美国的28.6%、欧盟的16.8%、日本的10.3%。单位国民生产总值消耗钢铁，为日本的2.32倍、

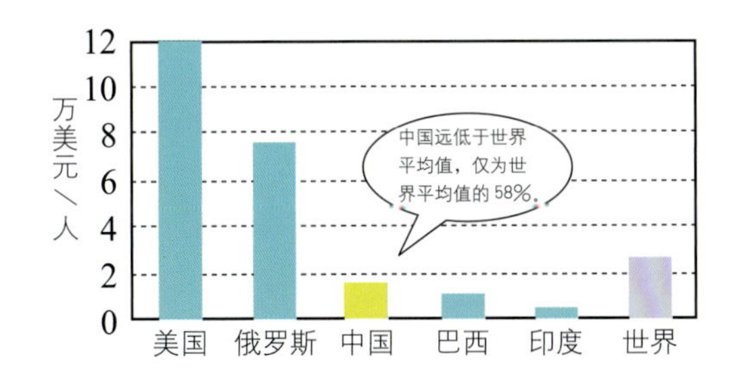

左：世界主要国家人均矿产储量（潜在总值）对比

右：煤炭被誉为黑色的金子，然而对于这样的“金子”我们无论在产出效率上还是消费上都存在着与其身份不符的地方。

德国的 4.26 倍、美国的 2.5 倍。每增加单位 GDP 的废水排水量高出发达国家 4 倍，单位工业产值固体废弃物高出 10 倍以上。

第五，资源短缺严重。以水资源为例，我国 669 个城市中有 400 个供水不足，110 个严重缺水。在 32 个百万人口以上的特大城市中，有 30 个长期受缺水困扰。全国城市日缺水量达 1600 余万立方米。

第六，中国资源的综合利用和再生资源回收利用率非常低，工业废水回收率不到 30%，而发达国家在 70% 以上；废钢铁回收量约占钢产量的 50%，而发达国家一般占 70% 左右；废纸回收率只有 20%，而日本则超过 50%。与发达国家相比，中国资源综合利用水平，无论是在深度上还是在广度上，都存在着很大的差距。

第七，从资源利用现状来看，中国还是粗放型经济增长方式。新中国成立六十多年的时间里，中国的 GDP 增长了 10 多倍，矿产资源消耗却增长了 40 多倍。平均每增加 1 亿元 GDP 需要高达 5 亿元的投资。

第八，污染物排放总量大，主要污染物排放量超过环境容量；生态整体恶化的趋势尚未得到有效遏制，如水土流失、土地沙化、草原退化问题突出、森林生态功能不足、生物多样性减少、生态系统功能退化等。七大水系近一半河段严重污染，近岸海域水质恶化，赤潮频繁发生。物种濒危现象依然十分严重。3 亿农民喝不到干净水，4 亿城市人呼吸不到新鲜空气；1/3 的国土被酸雨覆盖，世界上污染最严重的 20 个城市我国占了 16 个。

未来 5 ~ 15 年，在工业化和城市化快速进程中，我国环境资源将面临更大压力。

二、节约资源是全社会的共同责任

在北京很多平房区的农村，每家院子里都有一个自来水管。每当冬天来临的时候，房舍的主人为了防止自来水不被冻结，经常会调小阀门，让

风力资源是取之不尽、用之不绝的资源，利用风力发电可以减少环境污染，节省煤炭、石油等常规能源消耗。风力发电技术成熟，在可再生能源中成本相对较低，有着广阔的发展前景（摄影：孙阁）。

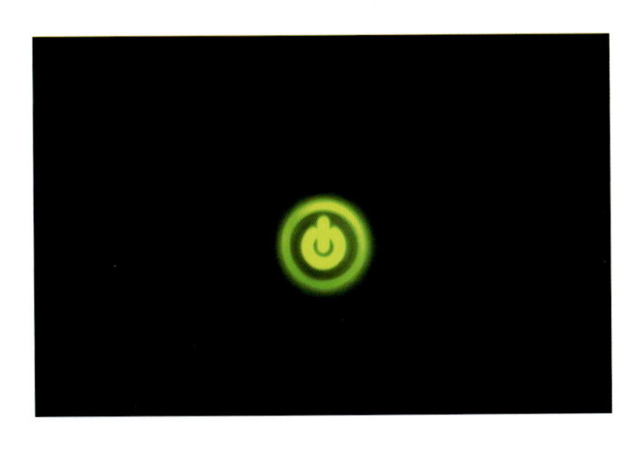

左：每年有大量的电因为我们没有关掉电源而被白白浪费

右：内蒙古鄂尔多斯街道上的太阳能路灯。路灯采用晶体硅太阳能电池供电，智能化充放电控制器控制，替代了传统电力照明的路灯（摄影：李跃进）。

水管里的水成天成夜地不间断地流出。

我们都知道，北京是一个缺水的城市，城内及周边的地表水污染严重，仅存的一点儿地下水，也只是有限的地核水，绝大部分生活用水、工业用水都得从外省调入，但是，尽管水源这样紧张，却没有人计算过每个冬天从自来水管里有多少水白白流掉了。

而这种浪费，不光表现在水方面，其他方面，如煤、电等也极为普遍。不光在普通民众之中，在企事业单位，甚至政府部门中，也存在着相当普遍的浪费行为。这与今天我们所倡导的生态文明是背道而驰的。

生态文明建设需要动员全社会的力量共同参与，这就需要政府、企业、社会、个人都行动起来。

从各级政府的角度讲，要对那些旧的观念重新进行评价，探索新的发展道路，大力推行绿色经济，走低碳发展之路。

可是有哪些旧的观念需要重新评价，又如何探索新的发展道路呢？几十年来的争论并没有给出一个确定的答案。事实上，传统经经济学的投入产出分析根本不可能给出答案。数百年来的习惯也不可能在一朝一夕改变。但是，需要提醒大家的是，我们已经没有争论的时间了，现在是该采取行动的时候了。而发展绿色经济正是目前解决能源危机的唯一出路，虽然绿色经济仅仅是我们现在可以找到的最可行的方式，不排除未来还有更好的办法。目前，在能源危机的压力下，我们没有时间等待更好的办法了，节约必须从现在开始，由绿色经济这一新观念来支撑，走倡导零碳、保持低碳的绿色发展之路。

保持低碳意味着在社会发展过程中不断降低碳的净排放量。

在我们日常生活中二氧化碳的排放量很大：一辆每年行程 2 万千米的汽车大约释放二氧化碳 2 吨；发动机每燃烧 1 升燃料，释放二氧化碳 2.5 千克；电脑使用一年间接排放 10.5 千克二氧化碳；洗衣机间接二氧化碳排放量年均 7.75 千克；用飞机运输 1 吨进口水果，飞行里程为 1 万千米，排放二氧化碳为 3.2 吨。

每个人都有自己的碳足迹，所以减排人人有责，低碳生活方式应该成为时尚。不使用一次性筷子、自带水杯、随手关灯、尽量步行等，都能减少二氧化碳的排放。

从广大公民的角度讲，要积极倡导绿色消费，低碳生活，形成节约消费光荣、奢侈浪费可耻的良好社会风尚。

“低碳生活”并不是让大家降低现有的生活水平，而是选择科学合理的绿色生活方式。人们平常用电、驾车、乘电梯、过度使用空调、浪费纸张等行为，都会产生二氧化碳的排放。而“低碳生活”提倡大家从自己的生活习惯做起，将个人的二氧化碳排放量减至最小。比如，每天减少 3 分钟的冰箱开门时间，一年下来约可省 30 度电，相应减少二氧化碳排放 30 千克；及时给冰箱除霜，每年可以节电 184 度，相应减少二氧化碳排放 177 千克。此外，减少吸烟也能减排，1 天少抽 1 支烟，每人每年可节能约 0.14 千克标准煤，相应减排二氧化碳 0.37 千克。这说明“低碳生活”就在身边。

节能减排不是一个人、几个人或一些人所需要的，也不是一个人、几个人或一些人的事情，更不是一个人、几个人或一些人所能解决的。要想解决环境问题，必须从每一个个体抓起，从提高每一个人的认识抓起，从改变每一个人的生活习惯抓起。只有这样，才能建成“天蓝、地绿、水清、宜居”的纯净而美丽的中国。

第四节　人人都是生态环境的维护者

鸭绿江畔的宽甸县是辽东山区森林资源最丰富的县之一。2001 年，为了保护生态，辽宁省开始实施天然林禁伐。此后，木材价格上升。宽甸县四平村由于山林质量好，一些外村人纷纷来偷砍。每当夜幕降临时，四平

“分林到户”不仅富了农民，也绿了青山(新华社供稿)。

村周围的山上不时会传来油锯伐树的声音。

锯木声在空旷的山林中回响，刺痛着四平村村民的心。如果再不制止，老祖宗留下的这些产业就要被偷光。

2003 年 2 月 20 日晚上，在一户村民家里，四平村十组的 29 户农民聚集起来，抓阄分林。并仿照耕地承包的方式，加了一个 50 年的期限。最后，全村 29 户郑重地在合同上按了鲜红的手印，4620 亩集体山林均分到了全组 124 口人头上。林子均分承包之后，家家户户都成了最为尽职尽责的护林人，乱砍滥伐的风气马上刹住了，被破坏了的森林很快就恢复过来。

如今在四平村，村民们造林营林的热情随处可见，村里人人都是护林员，小孩都当通信员，各家对自家山林看管得很严，村民半夜听到树响，都会打着手电筒上山察看。在村民们的看护下，四平村山上更绿了，河里有水了，水里有鱼了。

四平村的生态恢复得益于集体林权改革。

现在全国推行的集体林权改革既是农民发家致富的一个手段，也是保护生态的一项有效行动，它在维护农民收益的同时，也促进了农民保护森林生态的自觉性。因此成为了中国林业史上一次有效的生态文明建设行动，是保护森林资源成功的顶层设计。

林权制度改革是一项“制度创新”，直接带来了良好的生态建设结果。这项制度创新以足够的利益动因，把农村群众都凝聚到持久的生态保护与建设行动中来。每个农民都在这个新的制度体系中，成为生态文明的建设者，对这项事业贡献着富于实质性的内容。

任何集体都是由个人组成的，人是生产力中最革命、最活跃的因素，是生产力最具有决定性的力量。任何道德原则、规范必须落实到个体行为中。道德原则只有在一个个具体活动的个人的行为过程中才能体现出来。所以，一个有效的环境保护规范，必须与个体行为方式相联系，环境保护规范应直接指向现实的个人行为，只有这样才能对环境保护中个人行为有直接的针对性。

所以，凡是有利于维护人类利益的行为就是道德的，凡是破坏人类利益的行为就是不道德的。人类最根本的利益应是维护自然生态平衡。

另外，就人的交往而言，交往的双方是可感觉的有血有肉的人，交往活动会受到个人道德观以及社会规范等方面制约。为了保证交往的顺利进行，就应该倡导交往主体的道德自律。一个道德自律能力差的人，极有可能摆脱现实社会中人伦关系的束缚，丧失社会责任感和道德感，从而放纵自己的行为，出现诸多违反生态道德的问题。总之，无论是个人作为全球化的主体，还是作为集体的组成部分，或是作为社会交往的主体，都要求在生态道德修养上加强自律。只有这样，生态规范、保护环境才可能落到实处。

让不同职业、阶层、不同教育背景的大众逐步认识到，生态文明建设与自身总是会有直接或间接的利益关联，命运牵系，是生态文明理念宣传

志愿清洁队在松下海域打捞海漂垃圾（新华社供稿）

和制度建设的重要出发点和落脚点。让公众明白，生态文明建设不是“小资情调”，不是“文艺青年”的冲动，不是“环保狂人”的杞人忧天，而是直接关系你我他生存命运的大问题，是时时刻刻渗透在吃喝拉撒睡当中的现实问题，是直接关涉每个人生老病死的迫切问题，喘一口气、喝一口水的功夫都离不开的问题。因此，建设生态文明、维护优美环境是全体公民共同的利益和责任。每一个公民都应是生态文明的参与者、建设者和受益者，而不是旁观者。如果我们每一个公民都能强化生态文明意识，自觉养成科学、文明、健康的生活方式，告别不文明的生活方式，生态文明建设水平才能有质的提升，纯净优美的环境才能得到长远的维护。

比如，近年来有些地方发生了群众对本地引进重化工项目、造纸企业、矿业开采项目的激烈反对，迫使这些项目或者下马，或者另寻他处。这就是人民群众生态环保意识觉醒的体现，是人民群众保护自己环境的行动成果。对此，各级政府应该感到欣慰。政府推进生态建设工作也会得到人民群众更加深入的理解和参与。

总之，保护生态环境是全社会的共同责任，建设生态文明与每个人的生活息息相关。只有当各级政府的各个部门高度重视起来，每个企业、每个公民真正自觉起来，广大社会公益组织切实行动起来，共同支持和推进生态环保事业，热情参与到生态文明建设的大潮中去，美丽中国才能在我们共同的期待中早日到来！

第五节　人人都是生态文明的建设者

在经济全球化背景下，人类社会内部、人类社会与自然界、整个地球已经成为一个相互依存的关系，世界具有整体性和相关性。这不仅表明世界经济日益一体化，而且表明人类生存方式日益一体化，人类与自然的依存性日益密切，每一个人都是地球这颗行星上的一个居住者，是全球社会这个整体的一个部分。

如此，就要求我们这些居住在“地球村”的全体公民，为了地球家园的长治久安，为了人类的可持续发展，都要树立全球生态伦理观，要具有对人类负责的责任意识。生态文明建设需要全体公民的积极响应和参与。

当今时代，人们在经历了经济短缺、消费紧缩时代后，似乎患上了“消费饥饿症”，陷入了狂热的病态消费中。而一些所谓的经济学家亦为畸形消费推波助澜，鼓吹“消费有效论”，把消费对生产的促进作用无限夸大，超前消费成为时尚，节俭则成了小农意识的代名词，“花明天的钱，圆今天的梦”，不负责任的非理性消费带来了种种恶果，大量生产—大量消费—大量废弃的生产与生活方式，成为造成我国今天环境恶化和资源浪费的主要根源之一。

工业文明条件下的消费主义是一种不顾社会发展现实条件，不顾生态平衡而盲目追求高消费的消费思潮和模式，从某种意义上说，生态环境问题即消费问题，因为人类的消费行为时刻都在对生态环境产生着影响。从根本上说，人类高消耗的生产方式、高消费的生活方式和对待自然功利化

低能耗、低污染和低排放的绿色出行方式日渐受到人们喜爱（摄影：温晋）。

左：废物回收再利用，有助于减轻对生态系统地压力。
右：北京市野生动物救护中心救助幼鸟（摄影：纪建伟）

的价值观是环境问题的根源，因此，建设生态文明，也要从人类对物质需求的消费理念更新做起。

这就要求我们要树立生态消费观念，建立生态消费模式，对有害于生态环境的产品、食品，不购买、不食用；对“杀食”国家明令保护的珍禽益鸟的做法应依法制止。

即便对于可以杀食的驯养动物和野生动物，也需要一种“人道化”的意识，而不是“虐杀”。这里可以引入“动物福利”的概念。

“动物福利”对于大多数中国人来讲还是一个“新奇”概念。在中国的民族生存经验中，动物往往被完全功能化了，只注重它们对人的有用性，而不太注重它们也是“生命”。马、牛是劳力；鸡、猪是食物；狗是看门的等等。而且它们最终都是可以随意被人虐待和食用的，基本没有例外。对野生动物就更是如此，只做两大分类：可以吃的和不可以吃的。

从生态文明的角度看，动物同人一样，是需要予以关怀的“生命”，它们也有自主生命体的各种心理欲望和实际生存需求，它们按照自己的禀赋，觅食疗饥，筑巢御寒，避强御敌，求偶繁衍。它们在大自然中生存并进化，大自然基本上世世代代满足着它们的这些需求。这就是动物源于自然的“福利”。

动物作为生命应当拥有：

——免于饥、渴的自由；

——免于不舒适的自由；

——免于疼痛、伤害和疾病的自由；

——免于恐惧和忧伤的自由；

——自由表达天性的自由。

当人的行为导致动物的这些生存需求不能得到满足时，“动物的福利”就受到人类的危害。

即便对于家养动物，它们的“福利”就是当人在养殖或利用它们的时候，需要把动物当作“生命”来看待，尽可能地为动物提供维持其身体健康和心情愉快的条件。

目前，动物福利所要求的条件在中国还很难做到。比如，中国的动物养殖技术追求高产、快速、低成本。因此，很多养殖动物一直在受到发霉饲料、劣质饲养、超标重金属添加剂、抗生素、痛苦的运输等方面的折磨。更加触目惊心的是虐杀式的屠宰，为了增加售卖重量而从活畜肛门强力注水，对动物进行活扒皮或活拔毛，诸如此类，屡见不鲜。这种无视动物福利的状况也是导致动物食品不安全的原因所在。

在野生动物非法贸易状况下，动物福利问题更加严重。动物往往被长时间关闭在拥挤黑暗的空间，长期得不到食物和饮水。当然最后还有暴虐的残杀。

由于动物福利理念的缺失，不仅导致动物受到虐待，破坏生态保护，也影响到人类身心健康。

生态文明建设要求人们必须全面重新审视自己所习惯的意识和行为，重新界定自己与大自然和万类生命的关系，树立新的生态伦理精神。

树立科学的生态消费观念或生态消费意识，是每一个地球居民所应有的素质要求。当传统的高消费日益明显地暴露出其对生态环境进而对整个社会持续发展的危害性时，我们就要以一种既能确保自己的生活质量不断提高，又不会对生态环境构成危害的消费意识约束自己的消费行为。

确立全球伦理观，有助于人们形成地球家园意识。我们赖以生存的地球只有一个。地球作为人类生存的家园，不仅是一个自然和物理的系统，也是一个社会和人文的系统。只有认识到生活在同一地球的人们的命运的相关性，自觉保护环境，才有可能缓解和解决全球性生态问题。

由于科学技术的迅猛发展，人类对自然的干预广度和深度空前加强，人们所指的自然已不再是地理环境，也不只是整个生物圈，而是整个太空。这时的环境危机就不再是区域性的了，而是世界各地区、各国家共同面临的危机，全球变暖、臭氧层破坏、大气污染、全球性物种减少，如此等等，世界已经成为一个彼此紧密相关的系统，任何区域或个人都不可能置身于这场危机之外而独善其身，而任何一个地区或国家的灾变都可能引发整个世界的危机。如世界上大部分热带雨林分布在亚非拉三大陆，第三世界的资源一旦受到破坏，遭殃的将不只是第三世界，对全球经济社会发展也将造成重大损失。

总之，健全的生态意识是准确的生态科学知识和正确的生态价值观的统一。生态科学知识是生态意识的科学基础。在条件允许的情况下，以个人爱好的途径或民间组织的方式，动员青少年参与公众化的科学研究，也有助于公民的生态科学意识培养。中国公众参与鸟类和植物监测方面的科学活动已经相当广泛，并积累了大量经验。中国公众科学网站平台已经成为公众、科学家、政府、非政府组织和志愿者团体等的桥梁和纽带。2012年12月，在中华社会救助基金会的支持下，成立了“让候鸟飞”公益基金，支持全国的护鸟志愿者团队开展日常鸟类巡护、鸟网清除、非法贸易举报、

青少年参加保护候鸟活动，呼吁公众保护野生动物（摄影：卢琳琳）。

伤鸟救助等工作。

全社会都应该注重启发和培育青少年的生态科学兴趣和对自然的热爱，树立孩子们对待生态环境的正确态度，了解生态环境与人们生活的关系。

公民生态意识是公民对生态保护的守法意识，是公民尊重自然的伦理意识，是人与自然共存共生的价值意识。公民生态意识是衡量一个国家或民族文明程度的重要标志。

生态价值观是生态意识的灵魂。只有树立了正确的生态价值观，人们才会有足够的道德动力去采取行动，自觉地把生态科学知识应用于生态文明建设。

要唤起人们关爱生物、善待生命的道德良知。因为，自然界任何生命的存在，都有其内在的价值，都应当得到人们切实的尊重和关爱。善待生命是人的重要道德良知。我们在日常生活中，应养成关爱生命、不折花木、爱护小动物等良好道德行为习惯，反对虐待动物；自觉地摒弃那些乱捕滥猎、乱采滥挖、乱杀无辜的不道德行为，树立生态道德意识。将生态道德意识贯穿在自己的全部言行之中。

生态道德意识是生态文明的精神依托和道德基础，培育全民生态道德意识，是生态文明建设的一项基础性工程。通过对全社会成员的生态文明教育，唤起人们对自然的“道德良知”和“生态良知”，使人们树立起人与人、人与社会、人与自然生态和谐进化的生态发展观念，增强环境保护意识，培养正确的价值观、消费观和审美观，调动全社会成员的主动性，自觉地参与到生态文明建设中来。

按照党的十八大报告要求，在全社会树立“尊重自然、顺应自然、保护自然的生态文明理念”，引导社会各界共同参与生态文明建设，以企业为主体，推动生产方式转变，以公众为主体，推动生活方式转变。

留住绿色，保护环境，造福未来是我们每一个中华儿女不可推卸的责任和义务。只有在全社会大力培育生态道德意识，只有每个公民都从自身做起，爱护自然，保护环境，我们国家才能实现建设生态文明的目标，我们民族才能真正拥有风调雨顺、国泰民安的美好明天。反之，公民如果不能养成与生态文明相适应的美德，生态文明即使能够建立起来，也难以长久地保持下去。

人民群众是生态文明建设的主体。发挥民智，动员民力，是决定生态文明建设成败的决定性要素。

对个人而言，参与生态文明建设行动，大多数情况下，不能立刻得到直接的物质报酬，不会马上获取可量化的收益，却能够体验到修身养德的快感，并在全社会共同努力下，预期一个值得留恋的环境，一个身心康泰的社会，一种内涵优雅的文明。那是每一个参与者合作创造的美好人间，让你时时拥有，代代安康。还有比这份幸福更值得拥有的回报吗?

人类自诞生以来，便依赖于自然，可以说人与自然和谐的关系是人类发展的必备条件，没有自然及其进化，便没有人类的诞生和发展，一旦自然环境遭破坏，自然界无法向人类提供足够的物质和能量，人类的生存和发展就会受到威胁。

历史经验表明，只有当人类与自然处于平等、互利、和谐关系的时候，自然才能为人类提供良好的生存和发展环境。实现人类与自然界关系的全面、协调发展，是人类生存与发展的必由之路。

我们必须确立大自然观，走出“人类中心”的误区，在促进生态圈稳定与繁荣的基础上改造和利用自然，真正建立人与自然全面和谐发展的关系，把包括人类在内的整个自然界看成是高度相关的有机统一体，真正视人类与自然是相互依存、相互联系的整体，充分肯定人与自然有着共同的利益和命运，并以此作为认识自然和改造自然的基础。与自然建立一种和谐关系，人类必定有更加美好的未来。

西部高原生态屏障——青海三江源湿地

参考文献

曹孟勤，卢风．中国环境哲学20年[C]. 南京：南京师范大学，2012.

方精云，唐艳鸿，林俊达，等．全球生态学：气候变化与生态影响[M]. 北京：高等教育出版社，2000: 246-257.

傅治平．生态文明建设导论[M]. 北京：国家行政学院出版社，2008.

巩英洲．生态文明与可持续发展[M]. 兰州：兰州大学出版社，2007.

姜春云．拯救地球生物圈——论人类文明转型[M]. 北京：新华出版社，2012，92-138.

蒋高明．中国生态环境危急[M]. 海口：海南出版社，2011，26-34.

胡锦涛．坚定不移沿着中国特色社会主义道路前进为全面建成小康社会而奋斗[R]. 北京：人民出版社，2012.

贾卫列．生态文明建设概论[M]. 北京：中央编译出版社，2013.

廖福霖．生态文明建设理论与实践[M]. 北京：中国林业出版社，2003.

刘仁胜．生态马克思主义概论[M]. 北京：中央编译出版社，2007.

刘思华．生态马克思主义经济学原理[C]. 北京：人民出版社，2006.

刘湘溶．我国生态文明发展战略研究[M]. 北京：人民出版社，2013.

陆健健，何文珊，等．湿地生态学[M]. 北京：高等教育出版社，2006.

吕光明，和秦学．生态文明建设通论[M]. 成都：四川人民出版社，2005.

马克平．试论生物多样性的概念[J]. 生物多样性，1993，(1): 20-22.

马克思，恩格斯．马克思恩格斯文集（第1卷）[M]. 北京：人民出版社，2009.

马克思，恩格斯．马克思恩格斯文集（第5卷）[M]. 北京：人民出版社，2009.

马克思，恩格斯．马克思恩格斯文集（第9卷）[M]. 北京：人民出版社，2009.

马效能，孟沙，张佩珊，等．中国生物多样性保护综述[M]. 北京：中国林业出版社，1998，17-32.

钱俊生，余谋昌．生态哲学[M]. 北京：中共中央党校出版社，2004.

中国现代化战略研究课题组，中国科学院中国现代化研究中心．中国现代化报告2007——生态现代化研究[C]. 北京：北京大学出版社，2007.

中共中央对外联络部研究室．中共十八大：中国梦与世界[C]. 北京：外文出版社，2013.

万本太，朱广庆，张剑智，等．千年评估——生态系统与人类福祉[M]. 北京：中国环境科学出版社，2005，86.

王如松．复合生态与循环经济[M]. 北京：气象出版社，2003.

王学俭，宫长瑞．生态文明与公民意识[M]. 北京：人民出版社，2011.
王雨辰．走进生态文明[M]. 武汉：湖北长江出版集团、湖北人民出版社，2011.
夏友照，解焱，MACKINNON John. 自然保护地管理分类和功能分区体系研究[J]. 应用与环境生物学报，2011，17 (6): 767-773.
解焱．恢复中国的天然植被[M]. 北京：中国林业出版社，2002.
解焱．我国的自然保护区体系空缺分析．见：解焱，汪松，Peter Schei. 中国的保护地[C]. 北京：清华大学出版社，2004. 203-208.
郇庆治．环境整治国际比较[M]. 济南：山东大学出版社，2007.
许崇正，杨鲜兰，等．生态文明与人的发展[M]. 北京：中国财政经济出版社，2011.
杨东平．中国环境发展报告(2010) [M]. 北京：社会科学文献出版社，2010，52-59.
姚燕，李东方．生态文明：从理论到行动[M]. 北京：中共党史出版社，2012.
印红．与虎同行[M]. 北京：大百科全书出版社，2010.
赵章元．生态文明六讲[M]. 北京：中共中央党校出版社，2008.
人民出版社．中共中央关于制定国民经济和社会发展第十二个五年规划的建议[R]. 北京：人民出版社，2010.
联合国可持续发展大会中国筹委会．中华人民共和国可持续发展国家报告[R]. 北京：人民出版社，2012.
中华人民共和国环境保护部．中国生物多样性保护战略与行动计划[M]. 北京：中国环境科学出版社，2011: 1-90.
John Bellamy Foster. The Ecological Revolution[M]. New York：Monthly Review Press, 2009.
Roy Morrison. Ecological Democracy[M]. Boston: South End Press, 1995.

后记

朋友要我把在林业战线工作的实践和对林业改革发展与生态文明建设的认识做个理性的小结，我思谋了主题、结构和章节，并请林业部门的一些单位帮助收集了资料，在封加平、刘东生、王焕良、金旻、郝育军、王祝雄、马广仁、郝燕湘、刘拓等各位同仁的参与下，很快形成了初稿。

王如松、彭长辉、蒋高明、石生伟、曹荣湘、任重、刘仁胜、冯永锋、解焱等专家、教授给予了全力指导，使书稿得以进一步的修改编撰。张友捷、朱军、高晓岩、陈向军、袁芳、郭东琳、曹爱新、王中航等各位人士也给予了热诚关心和大力支持。

崔文华老师对全书进行了调整梳理、增删修饰。

在此，对所有为本书正式出版作出了贡献的友人致以衷心的感谢。

本书于2014年9月正式出版，2015年1月，在由中共中央组织部党员教育中心、国家新闻出版广电总局出版管理司、国家图书馆组织开展的第二届全国党员教育培训教材展示交流活动中被评定为优秀教材。这次应读者的要求再版，我和封加平同志对部分内容作了修订，增加了党的十九大、二十大对生态文明建设的新论述，对我国生态文明建设取得的主要成就作了进一步梳理。对生态文明建设的认识，是一个不断深化的过程，本书难免存在不足。欢迎来自各方面的批评指教。

作 者

2023年11月

作者简介

贾治邦 1946年11月生，陕西吴起人，大学文化，经济师。历任陕西省政府副秘书长，陕西省延安地委副书记、行署专员，陕西省副省长，陕西省委常委、省委副书记、省长，民政部副部长、党组副书记，国家林业局局长、党组书记，第十二届全国政协常委、全国政协人口资源环境委员会主任。是中共第十四届、十五届中央候补委员，第十六届、十七届中央委员。

出版有《略论陕西经济发展战略》《大力发展陕北能源化工》《发展陕北能源要走三个转化的路子》《浅谈通货膨胀》《连锁经营与代理制》《生态文明建设的基石——三个系统一个多样性》《现代林业理论与实践》《论中国集体林权制度改革》等著作。

书名题写：贾治邦

责任编辑：温 晋 李 敏

封面设计：RICH VIEW 睿思视界视觉设计

ISBN 978-7-5038-7818-3
9 787503 878183

定 价：98.00 元